Make Life More Brilliant
若你决定灿烂

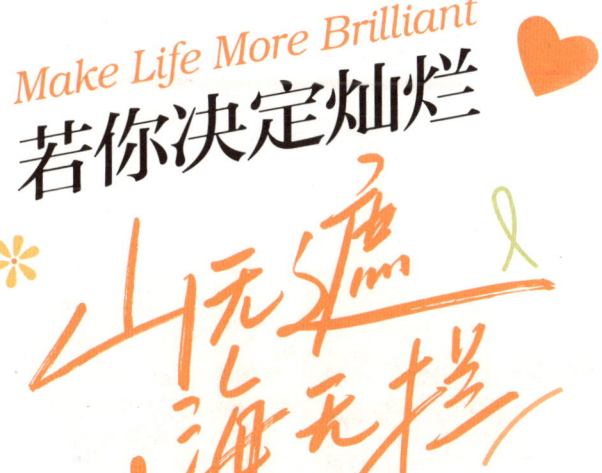

大麦 著

By Damai

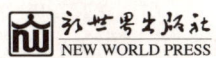

心之所向,
素履以往,
努力不负韶华长。

最闪耀的星辰日月,
不在辽阔天幕上,
而在心内方寸间。

你可曾怀揣一种担忧:
深沉的夜色吞噬了勇气,
明亮的天光遮掩了自信,
不甘心做块石头掩埋在埃尘里,
也做不成群星中更闪亮的那一颗。

不要怕，
坚定地行在路上，
你尽可大胆去追自己的梦，
发出自己的光，
哪怕只照亮脚下，
已足矣。

有时我们不得不淋一场滂沱的雨，
不知晴天将在何时，
而阳光普照何方。

据说"希望"是一盏灯火,
总似即将燃烧殆尽,
总似不堪风雪摧折。
然而黯淡的还可重明,熄灭的还可复燃,
若你决心长明不灭,
没有什么可以妨碍你的灿烂。

鲜花赠予自己,
温柔赠予生活。
不一定要逆风翻盘,
但一定要向阳而生。

请相信，
我们要走的路，
终会繁花似锦。

目录
Contents

第一章
花会沿路盛开，你以后的路也是

请不要停下来，你的人生不可能就这样了　003
请你务必，千次万次，为自己挺身而出　010
我们要走的路，终会繁花似锦　017
不一定逆风翻盘，但一定要向阳而生　025
请在每寸光阴里，全力以赴去快乐　032

第二章
若你决定灿烂，山无遮，海无拦

行动，是打败焦虑最好的办法　045
若你决定灿烂，山无遮，海无拦　054
没人能否定你，你自己也不可以　062
总不能还没努力，就向命运妥协吧　070
乾坤未定，你我都是黑马　079
山脚人太多，我们山顶见　087

第三章
前方的风景更好,我的意思是别回头

人生只有一个方向,那就是前方　097

让过去过去,让开始开始　106

一无所知的世界,走下去才有惊喜　115

当你快扛不住的时候,困难也快扛不住了　122

别让昨天的大雨,淋湿了今天的你　131

人生海海,潮落后必是潮起　140

第四章
不要让别人左右你的人生

不要让别人左右你的人生　149

你若不能掌控自己,就将被别人掌控　157

没有方向的船,怎么划都是逆风　166

允许事与愿违,允许偶尔枯萎　174

人的一生,唯一的 KPI 就是坚持做自己　183

第五章
我们终将上岸,阳光万里

与其踌躇不前,不如华丽跌倒　　193

退一步海阔天空,进一步乾坤浩渺　　200

哪有那么多天纵之资,不过是一腔热忱不息　　208

如果运气不好,那就试试勇气　　217

先成为自己的山,再去寻找心中的海　　225

我们终将上岸,阳光万里　　232

第一章

花会沿路盛开,
你以后的路也是

请不要停下来，
你的人生不可能就这样了

人生是一座高峰，
只有不断向上攀登，
才能看见更美好的景色，
收获更多的阳光。

01

整理书架的时候，偶然发现了夹在一本书里的一张泛黄的纸，上面是不知在哪儿抄写的一句话：不要拘泥于眼前的束缚，因为那是你自由前的洗礼。

曾在路边看到过这样一个画面，四五个视觉有障碍的年轻人聚在一起，牵着导盲犬出门吃饭逛公园，安然闲适地在人群中漫步。他们开朗大方，积极乐观，阳光照在他们的身上，泛着金色的光芒。

生活的不幸并没有打倒他们，他们和普通人没有什么分别，或许，他们还比普通人多了一份面对生活挫折勇敢向前奔跑的勇气。

很多普通人在光鲜的生活之下，埋藏了许多哀叹和愤懑。我见过有人不停抱怨自己因体质不过关和理想的专业失之交臂；见过有人看起来应有尽有，仍不断索求更多物质来填充自己空虚的内心。而这样一群通常被定义为"弱势者、不幸者"的年轻人，却以一身泰然回应着生活的"特殊馈赠"，用心中的光亮去看这个世界。

一位喜欢踢足球的朋友常将科比·布莱恩特的演讲挂在嘴边：在抵达终点前，永远不要停下前进的脚步。

他曾因一场飞来横祸而不能自由地踢球。我们都担心他，不敢再讨论和足球相关的话题，正如当年史铁生的家人不在他面前说出"跑、跳"等字眼。可是他在确认自己很难再踢完一整场球赛后，仍然在电视机前兴致勃勃地观赛，并认真研究各种战术。有人问他："你的身体不能踢球了，也很难当个教练，还研究这些干什么，不觉得越看越伤心吗？"

而他则毫不为意地笑了笑，淡淡地说："我只是换了一种形式去享受比赛而已。"

我很喜欢这句话：我始终相信，当下的糟糕，只是黎明前的短暂黑暗而已，所有经历过的苦难都会是未来惊喜的伏笔。

小时候特别喜欢作家海伦·凯勒，每次想起她的经历，都能给我很大的触动。每每代入自己，想象自己陷于黑暗无声的世界该有多么惶恐，更觉出勇气是人类的至宝。

有些时候，我们可能会停在困难面前，将自己锁入灰暗的房间，却忘了未来只有走下去才会发现其中的美好，前进的勇气会帮助你击溃对未来的恐惧，与你一同追风赶月，看遍世间繁华。

其实，能否坚定地向前走，与我们是否具备勇气有很大关系。我们有时会堕入云雾之中，像一只被丢入森林的鸟儿，视野被丛林遮挡，摸不清方向，但仍要继续向前飞——反正生活已然如此，我们没有能力去改变已经发生的事，不如努力向上，飞入云霄，去追寻心中的太阳。

02

有时候，困住自己无法前进的，从来不是身边的鸡毛蒜皮，而是不愿打破现状的自己。

有一天，当我像往常一样安静地在一家书店旁的咖啡店里撰写人生百味的时候，一道身影挡住了我上方的光亮，抬起头发现是一位早些年曾有过交集的姐姐。

我们上一次见面还是在三年前，那会儿她已经渐渐归于家庭，放弃了自己的事业，也抛下了曾经的爱好，在家里专心照顾孩子和老人。那时候的她，把家庭看得比自己还重要，但整个人显得很疲惫，眼睛似乎都失去了光彩。后来，因为我工作变动，我们便没再见过了。

这次再邂逅，她却全然变了模样，比从前耀眼，比从前阳光，仿佛那个渴望勇闯天下的她又回来了。

在我的追问下,她向我说出了自己这一变化的原因。

"当时好多人都劝我把重心放在家庭上,跟我说'不然孩子怎么办呢',我也为此担忧自己不能做一个好母亲,于是将全部精力都放在了家庭里。但我发现我越来越不快乐了,虽然每个人都说我是一个好妈妈,是一个好妻子,但没人想过,我不只是一个妻子,一个母亲,我也是我自己。"

说到这里的时候,她有些激动,眼中泛起一丝失落。看着回忆往昔,心情逐渐低落的她,我将手中和她一样好看的小蛋糕递给她。

"是啊,记得你以前每天都朝气蓬勃的。不过看你现在,好像那个天不怕地不怕、一心想干一番大事的你又回来了。"我打趣道。

"现在我重新捡起了工作,又有了自己的事业。虽然有几年没打拼了,但好在知识没有忘,还能出去闯一闯。"

而后,她向我讲起了工作时遇到的事,眉飞色舞,不胜欢喜。

其实我们长久不见已经生疏,但在这一杯咖啡的时间里,我们重新亲密如往昔,因为我所熟悉的那个太阳一样的人重新出现在我面前。我为她能够找回自己感到欣喜,为她没有停下前进的脚步而振奋不已。

或许生命本是一首激昂的赞歌,过往的苦难化成别样的音符在乐谱中交织着,随着时间的流动谱出独特的乐曲。

有人说："只要我们不停下脚步，终会有属于自己的那片天空。"是啊，未来是一片旷野，当我们挥洒着汗水走过，便会盛开出鲜艳的花朵，我们终将看到属于自己的花海。

在生活中，风雨晴天皆有之，我们这一生也许需要扮演很多种角色，但无论扮演哪种角色，请不要忘了，我们还是自己，我们还有理想，有目标。

无论什么时候，无论他人把我们定义成一个怎样的人，都不要忘了内心深处自己对自己的期待，并一步一步向上攀登，去见山顶那个心中盼望的自己。

03

生活如果是一张纯白色的画布，泼上的每一抹颜色，都会带来别样的精彩。因此，不要因为害怕而停滞不前，你的未来充满惊喜，你的人生布满色彩，记住，生活远不止于此。就像歌里唱的那样：生活不止有眼前的苟且，还有诗和远方。

晓蕾深切体会到了"毕业即失业"的可怕魔咒，在经历了多次面试失败后，她甚至放弃了继续努力的想法。但是在家虚度了两个月后，她意识到自己不能再这样停滞不前，但又觉得自己什么都做不好，害怕出去后到处碰壁，不知道该怎么办才好。于是她在网上发了一个帖子，想询问一下网友的意见。

帖子下面的评论很多，大多数都是在鼓励这个彷徨失措的女孩儿。

"几次失败而已,并不能说明什么的。"

"不要害怕,想做什么就做什么,觉得哪个公司适合就去投简历,适合自己的工作都是需要时间才能够找到的。"

"不过是几次失败,决定不了你的未来。"

每一条评论女孩都给予了回应。大概是这些言论真的给她带来了前进的勇气,她开始更新找工作的过程和在过程中获得感悟的帖子。帖子中的图片也开始从黑暗的墙角转为明媚阳光下的鲜花。

而后,在她最新的帖子里,她说她找到一份喜欢的工作,虽然找工作的过程并不顺利,但现在的她觉得日子无比充实,无比喜悦。在找工作的过程中,她反复地问自己,究竟想过怎样的人生,又应该怎样去做。终于,她在一次次的失败中,重新找回了自我。

失败并不可怕,在失败中迷失自我,才是最可怕的事情。

曾看到过一篇关于老兵的报道,有一句话简单而触动人心:越是艰难,越要向前。

生活不会一帆风顺,万事总是喜忧参半,便如那首脍炙人口的老歌里所唱:不经历风雨,怎能见彩虹。挫折是斧凿,困难如刀锯,若其已然降临,我们要做的自然是把它们当作工具,将自己打磨雕琢得更有价值。

未来的人生充满了挑战,若总是被挫折的恐惧笼罩,该如何描绘人生的地图,谱写自己的赞歌?大胆地向着山顶奔去,等爬到山顶,别忘了低下头,看一看自己曾经经历的色彩,绘出的动人画卷。你会发现，曾经那些让你退缩的琐事，最终会为你铺出通往成功的阶梯。

人生是一场旅行，所经历过的点滴都会化成沿途的风景，路途未必灰暗，但终点必定璀璨。

所以，请不要因为害怕失败而停下脚步。就像很多人都说过的那样：

我们的路，还有很长很长。

请你务必，千次万次，
为自己挺身而出

在这世间，能拯救你的，
只有你自己。

～～～

01

生活好像就是这样，喜欢用苦难磨炼人心，用痛苦浇灌成功的花园。但是它不会亏待每一个认真生活的人，不会放弃任何一个勇于拯救自己的人。

看到过这样一个故事，父亲坐牢、母亲去世的一对姐妹，16岁的姐姐为了照顾妹妹，辍学去打工，为13岁的妹妹赚学费。在采访中，姐姐说妹妹很争气，每次考试都能取得好成绩，而且现在她能够找到合适的工作，照顾自己、照顾妹妹，她很满足。

遭逢家庭巨变，16岁的姐姐自己也还在求学的年纪，但是为了妹妹，她毅然决然地辍学打工，选择了另一种人生。

还好，在打工的日子里，姐姐也没有自暴自弃，而是在工作中如饥似渴地汲取各种知识和经验。虽不能圆梦大学，但她的生活也满是生机勃勃的景象。

她们没有抱怨，没有争吵，没有放弃自己，她们选择了做拯救自己的英雄，在拯救中成长。

与其感叹命运的不公，不如努力为自己搏出一个未来，争取更多的美好生活。

生活的道路会有迷雾笼罩，让人暂时失去方向；会有大雨侵袭，让人一时间狼狈不堪；会有坎坷险阻，让人短期内举步维艰。当生活的暴风雨袭来时，当挫折与磨难如洪水般涌至时，唯有靠着自己的力量，直面风雨，在泥泞中挽起裤脚，奋力前行。

尘世喧嚣，纷乱如麻，我们如同一叶孤舟漂浮在人生的海洋里，随着波涛起伏。当与狂风暴雨相遇，请拼尽全力成为自己的堡垒，用坚定的意志抵挡风雨的冲击，在洗礼中塑造强大的自己，让每一次拯救，都变成灿烂的勋章。

在苦难中挖掘力量，汲取阳光，解开束缚灵魂的枷锁，扬起希望的风帆，让自由的风在心中吹拂，在黑暗中找寻自己的曙光，永不放弃对自我的追寻。相信自己拥有前进的能力，勇于剖开内心的恐惧与懦弱，然后一次次战胜自我，在孤独中学会坚强，在苦难中学会成长，书写自己的传奇。

在暗淡的日子里，开启心灵的窗户，让阳光照进贫瘠的一方土地，倾听灵魂深处的声音，那是来自内心的呼救，它在呼唤我们觉醒，去寻回失落的勇气和信念，去拥抱灿烂的阳光和未来。

02

朋友时常同我讲起她的妹妹,她总会说她的妹妹比她还要勇敢。

妹妹在大学毕业后选择自己创业,但第一次创业的结果并不好,仅半年的时间,小公司就宣布倒闭了。失败后的妹妹从此一蹶不振,经历了一年的消沉时期。在这一年里,她将自己关在房间,每天只有吃饭和睡觉两件事情。朋友不忍她这样放弃自己,便多次打电话开导她,但每次还没说上几句,就被妹妹挂断了电话。

一天,朋友和我说,她的妹妹开了一个新的工作室,打算重新开始创业。我感到惊讶,没想到妹妹会做出这样的决定。朋友说,她已经很久没有和妹妹聊天了,前几天妹妹突然打电话过来,向她说了自己的计划,并说自己这半年一直在分析上一次创业失败的原因,并且找到了解决的方法。

两年后,妹妹的工作室已经发展成一个前景很不错的公司。一次她出差,恰巧来到我和朋友居住的城市,于是,我第一次见到了这个传说中勇敢坚强的女孩儿,我很欣赏她敢于重新开始的勇气,也是那时候,我猛然发现,或许朋友在妹妹失意时的安慰对于她而言都只是一纸空话,真正拯救她的是她自己,她找回了前进的勇气,并敢于面对曾经的失败,从跌倒的地方站起,继续向前。

自救的过程肯定是艰难的,但是她没有放弃。她一步步地按照计划,克服心中的恐惧,向着梦想前进。这样的毅力,我们大多时候是缺失的，因此总是在自己陷于水火之中时手足无措。更有甚者，多是空谈，没有实干，嘴上说着我要去改变，行动时却故步自封。

电影《热辣滚烫》中的杜乐莹，开始是一个长期宅在家里的女孩，长期的自我屏蔽，让她失去了对生活的激情和对美好的向往，严重缺乏挑战自我的勇气和自信。

而后，一次偶然的机会，她结识了拳击教练昊坤，从此生活发生翻天覆地的变化。但后来发生的种种，又将杜乐莹拉入了绝望的深渊。

经历过生死之后，她决定自救，决心靠自己去追求梦想和希望。

朋友的妹妹和杜乐莹的经历异曲同工，也正是知道了她的故事，让我对这个电影有了更深刻的感受。

黑暗和黎明只有一线之隔，生命的至暗和希望的萌生有时候也是只有一线之隔，等待本身，就是希望的一种显现。

我们等待，我们争取，我们的存在就是希望所在。

人之所以要努力，是为了尽可能地把命运攥在自己手里，是为了在这个有时不讲理的世界里更体面、更有底气地活着，拥有更多的选择权和主动权。他人能给予的不过是些许安慰和建议，真正能够将你从泥潭中拉出来的，是你的决心、你顽强拼搏的毅力，是你自己。你，本身就是希望。

在生命的航迹中，各种各样的困难都会接踵而至，或是外部的压力挑战，或是内部的矛盾冲突。这时候，我们要自己发光，用勇气和信念把自己点亮。

03

在这变幻莫测的世界里，我们永远不会知道明天会发生什么，我们能做的，就只有不断用知识和经验武装自己，为未知的明天做准备。

在一次去西藏的旅行中，我结识了一位小兄弟。小峰是一个满怀希望的年轻人，大学刚刚毕业，用自己上学时做兼职赚的钱出来旅游。从他的口中，我了解到，他的原生家庭并不好，他上小学时，父母就把他扔给了乡下的爷爷，爷爷去世后，小峰虽然被接回了家中，却没人关心他，父母更是时常吵架。

勉强读完了高中的小峰，开始赚钱攒大学的学费和生活费。上了大学以后，他更是成了无人问津的孩子，全靠自力更生。小峰在课余时间里兼职赚钱，不仅完成了大学的学业，还为自己攒了一笔旅游基金。

他说："我知道我的原生家庭不好，但我不想一直活在他们的阴影下，我应该有自己的人生。所以，高中一毕业我就搬了出去。我不只是这个乌烟瘴气的家庭中可有可无的一员，我也是我自己。我一直都很想去西藏，我认为那是最接近自由的地方。"

和小峰的谈话，让我看到了他的勇敢和内心的渴望。

"我身上一直带着爷爷的照片，就是想带他也出来走走。"

"你爷爷也喜欢旅游吗？"

"以前问过他，他说不喜欢。但是我看他喜欢极了电视上的旅游节目，或许是因为有我拖累，他才没能出来看看吧。"

"但是他现在可以看到了，不也是很好吗？"看着小峰悲伤的样子，我不免有些心疼。原生家庭对孩子造成的伤害往往会伴随其一生。但好在，他已经在努力地摆脱伤害，并走向铺满鲜花的未来。

"那旅游结束后呢，你想做什么？"

"我想去当一名服装设计师，姐，你看我身上的衣服，这一套都是我设计的。"大概是谈到了理想和未来，小峰的眼神又重新明亮起来。

他向我讲述了他为自己规划的宏图大业，而后没等我开口，便说道："其实，这都是我幻想自己能达到的，未来真正会怎么样，我也不知道。但我不怕，我坚信，现在的努力都是在为未来的辉煌做准备。我不能预知未来，但我可以做好当下的自己。"

《肖申克的救赎》有一句经典台词：有些鸟儿是注定不会被关在牢笼里的，它的每一片羽毛都闪耀着自由的光辉。正如像小辉一样的人，会用勇气飞出囚禁思想的牢笼。

生活中，我们都无法预知明天，预定结果，只有慢慢帮助自己成长,在未来面对困难的时候,便可以拿起曾经积累的武器,这怎么不算是一种自我拯救呢?

所以,请拾起曾掉落的勇气,让它成为挫折到来时你最坚硬的武器,在黑暗中披荆斩棘,千次万次,救自己于世间水火。

我们要走的路，
终会繁花似锦

总有一天，
我们从容走过人生，
见繁花遍野。

～～～～

01

我游荡在街心公园，遇到一对年轻人并肩而行，听其中一位苦口婆心劝说"不要耽于沉没成本"云云。我以为这话很对，便留心另一位的答复。

另一位思忖片刻，却说："我不是因为不甘心以前花了那么多心力。这件事我想做，想成功。但即使看到会有失败的可能，我也要做下去。"

我停住脚，无心再理会其他，暗自咀嚼着这番对话。

我曾有幸认识一位特别的人物，在别人眼里她是"十里八乡知名犟种"。

这位"犟种"可不是通常印象中那种"一根筋"的形象，相反，她从小就挺机灵，甚至还有点圆滑。

但为什么说她"犟"呢？因为她有着一个自己当老板的"生意梦"，不管是推着小车卖烤红薯、开间小店卖花，还是经营连锁店遍布全国的大集团，总之她非要做点儿买卖不可，不拘这生意的规模大小。

长辈们都觉得这是"孩子的想法"，但是她却将自己所能想到的、接触到的所有和预想中的未来沾边的事物一一尝试，比如用一个暑假和整条街的商贩攀谈，模仿人家的"生意语录"；再比如买块5角钱的橡皮都要借机练习"砍价"，并偷师"反砍价"技巧。对于这样的事，她从小就做得乐此不疲，全然不管身边的人怎么看、怎么说。

后来，她凭借自己打小练就的"嘴皮"和"脸皮"当了销售，一年就在公司评上几回"贡献奖"，拿到的薪水也远超同龄人。这时长辈们都说，她也算是如愿了。但她自己却表示，远不到"如愿"的时候。

待听闻她辞职创业的消息时，"犟种"一词再次被提出。

"我就是往后只能摆地摊，也不会一直给别人打工。"顶着旁人对"平白丢了高薪工作"的热议，她开了一家属于自己的公司。

直至今日，我未看到人们予她的掌声和鲜花，我也不知道在我们共同的圈子之外可有人赞许她结出的果实。但我想，这位"犟种"或许已经在自己的人生路上望见了遍地繁花。

有人说,追梦的人,本就置身于一场美好的梦中。当人们执着于自己选定的那个远方,并为此披荆斩棘、跋涉山水,不论其是否能取得世俗眼中有说服力的硕果,于自身,已闻芬芳。

有些时候,我们会有一种胆怯袭上心头,畏惧未知的前路,担忧陷入不被人理解、不能获得认可的迷雾。然而行在自己选定方向的路上,所有的坚持都已播下种子,所有的坚定都将萌芽,我们的一言一行都将被希望滋养,而不必等待他人准许春的到来。

不必被常规的"成败论"所束缚,当你以"决心"踏上路途,人生已然自成风景。

02

有段时间我加入了一个花友交流群,和几位业余爱好者一同在群里做个不声不响的"潜水员"。

为什么呢?因为群里有几位"花卉专家",时常在群里发表高论,驳斥我们这些"业余人士"既不懂技术也不是真心爱花。后来群里愈发吵闹,某一日便兀地解散了。

之前经常私信提醒我去群里看别人分享经验和花木靓照的一位群友悄悄告诉我,群主说自己建群的初心只是想和志同道合的人一起交流养花心得,无论会不会养花、有没有养花,只要是喜欢花的人就可以成为朋友，但自从群里人越来越多后，反而愈发乌烟瘴气，现在群主再也找不到和志同道合者畅快交流的感觉了，遂将群解散。

在群解散后的私聊中，我第二次看到了这位群友所养的爱花——大约是一片旱金莲，橘红的花远看像只小碟子，只是不太茂盛的样子。

据群友说，这是别人园子里刨出来不要的。这种植物本在野外肆意抢占地盘，有一日侵入了邻居的菜园，邻居嫌它们太占地方又抢蔬菜的营养，于是便抡起锄头刨了个七七八八。

群友却独喜欢这种植物的坚韧生命力，便拾走两株用一只老旧的大盆种了。

群友之前在交流群里请教这种植物的品种和栽种的注意事项，却引发了一番"真假旱金莲"之争以及"配置不专业就是不爱花"的骂战。

"其实要我说，它能开花就开花，不开花就不开，野地里长着的时候不就是这样？我觉得这花枯死了可惜，就捡回来种着看。花活了，我就高兴，别的还有什么重要的呢？"群友对我说，一开始无缘无故被人指指点点的，她险些不想再养花了；可后来想一想，自己养花又不是为了向人炫耀什么，也不图它开得多么繁茂美丽，只是出自对一棵活生生植物的怜惜罢了。

"只要它活着，我就一直养；如果它打了种子或分了根，我也继续种。"群友这样说，并带来交流群解散的后续消息：群主没有建新的群，因为管理交流群的经历令其身心疲惫，但群主还是忍不住将一些花卉植物的图片发到网上。枝叶或繁或疏的家庭景观，造型有趣的花坛绿化，以及野地里杂乱却生机勃勃的各色野花野草，吸引了一批喜爱自然、喜爱生命的友好访问者。

人难免要涉过荒蛮的旷野，也难免要经历枯萎的季节。

可爱的群主与可爱的群友，他们都曾淋过寒雨、吃过风沙，却依然不减喜爱美好事物的本色，只是在本该和乐的聊天中被搅扰了和美的心情。但最终，他们所热爱的也回馈了他们的热爱，生活仍旧回到了宜人的节奏中。

养花看起来似乎并非人生要事，但它确乎是一项生命旅途中的选择。也许很多人会觉得这些事情里的热爱太浅薄，吵闹也很无聊，但群主和群友的行动中无疑流露出一种坚持，这坚持美丽而散发着莹莹光辉，如一滴垂露在我心头微微一触。

在漫长又短暂的一生中，我们不止一次地做出选择，用大大小小的选项铺就最终的道路。然而很多时候，我们容易坚持那些"大"选项，如升学，如就业，如就医，因为它们几乎直接影响着人生的花园能否花开馥郁；而面对那些不足以在人生之河中掀起波涛的"小"选项，我们却可能丧失了坚持的决心。可是，所有我们做出决定的事，时光终将会给予回馈。

如果要做，那便去做，用心之处便是花开之地。每投出一分执着的目光，都将有独特的风景映入眼帘。

03

曾有位年轻的网友说，自己的前半生如身处泥沼，身处荒漠，身处冰雪。

作为家里的第一个孩子，她并不曾沐浴父母的期待和爱意。因为那时她的父母也是一对"大孩子"，幻想着自由无拘束的生活，不曾考虑生养教育的艰辛与责任。等到家里的"幺儿"出生时，成熟起来的父母才开始享受天伦之乐，并将"试错"的成果用在了新生的天使身上。

"我常觉得自己是这个家里的外人"，这位网友写下了这样的文字，坦言小村里的外婆家是少有的让她觉得是"家"的地方，只是这个家也因为一些爱对别人指指点点的远亲近邻愈发令人"坐卧不安"。

不被家庭重视的孩童，似乎总要面临更多的生活波折。在学校里，大家都知道她是"没人疼"的孩子，因此她常要忍耐班里一个同学明里暗里的欺负。她说，自己最喜欢的一位班主任，是大家眼里特别凶还很"多事"的老师，但也正是在那位老师带他们班时，谁也别想惹是生非，她才度过了一段"可以专心做自己的事"的时光。

后来她上了离家较远的一所寄宿高中。在这个几乎没有人认识她的陌生环境里，同宿舍的女孩看着她勾画涂抹过的草纸，惊喜地说"你真厉害"，于是她拥有了真正的朋友。

真正的朋友，总会在她的身上寻找宝藏。无论是自己眼里无趣的性格还是很一般的画技，到了这个朋友眼里都是闪闪发光的。她的朋友还在了解她的过去后，告诉她要懂得反抗和保护自己，并和她一起"观察老师，找更公正的那个裁决"，使她学会了向值得信任的人寻求帮助。

而她的朋友却说，之所以这般作为——"不是我太好心，是你一直没有真的放弃自己，变成一个破罐破摔的混子。"

在网友这篇自述的末尾，她欣喜地意识到自己所竭力维持的自我尊重、所坚持的"以笔传情"，原来始终闪烁着微微的火花，并在某一刻燃起了炽热的火焰——"原来有人认为我可以开出花，原来我真的可以开出花！"

有人对疲惫的人说，披星且戴月，赶过的路终会光辉璀璨；
有人对颓丧的人说，枯木能逢春，履步向前总有花开之时。
既然人生难免苦难波折，那看似无意识地自我坚持，怎能说不是一场漂亮的自救？

在匆匆读过网友的故事时，我脑海中闪过的无非是"遇到救赎"这类念头。可这并不只是简单的"一个人向另一个人伸出手"，或是"有一个人，从未放任自己沉沦"。

或许在一个套路化的庸俗故事里，一个身处绝境、满心晦暗的人，大概只能被动等待光的出现，可在人生这部书中，能走出阴影

023

的人总会尝试为自己做点什么，甚至在认识到"自救"这件事情之前就已经不自觉地行动起来。

你看人生易颓唐，处处起波澜，其实行路即自度，一步一生花。

不一定逆风翻盘，
但一定要向阳而生

我本觉得葵花笨拙粗陋，
不如其他花朵风姿翩翩、雅韵非常。
但尽管被一些人嫌弃，
某日一抬头，仍见它头颅高昂，
向阳而生。

01

有诗云："更无柳絮因风起，唯有葵花向日倾。"无论晴雨，向日葵总不肯辜负它的名字，自顾自维持向上的姿态，如同又一轮太阳。

我们总渴望生活一帆风顺，但生活中往往波涛汹涌，暗礁潜伏。当困难来临的时候，我们是否依然能够热爱生活，将阴影留在背后，为心中的阳光留出一片天地？

在岁月的长河中，我们会经历数不胜数的困难，我们会为了自己与命运抗争，哪怕过程并不顺利，结果也不一定完美，是否也一定会追光前行？

　　打车的时候听见司机大哥和别人商量着去医院的事。原来是"林姐"——应该也是位司机，患有癌症。

　　我本以为是听到了一个悲剧，但不想司机师傅们要去医院，是为了接林姐出院——她经过五年多的抗争，已然战胜了病魔。

　　在被检查出癌症时，大家都惋惜不已，"年纪轻轻，怎么就得了这病"，当时司机师傅们还打算给林姐凑点钱去治病。林姐只接受了一笔救急钱，其他的都坚决退了回去。

　　"大家都有家有业的，谁不用钱呢？我自己有法子。"此后，林姐一边治病一边工作，风里来雨里去别人都看不出她已罹患重病。后来身体确实不支持出车了，她跟单位商量干些杂务，再做点不用在外头跑的兼职，硬是把医疗费给赚了出来。

　　载我的司机大哥问林姐恢复得如何，以后还能不能出车。有人告诉他，林姐一时半会儿干不动这活了，但她想用自己治疗期间学到的技能帮帮别人。

　　一个乐观善良的人，一群乐观善良的人，我能听说他们的事情，属实是一件幸运的事。想来，正因林姐是一个如此坚强又乐观的人，所以身边的朋友也都如她一般阳光。

　　虽然与林姐素未谋面，但我的眼前仿佛已见到她坚毅的容颜。她应当有着无惧困难的眉眼，神色中充满生活重负压不垮的活力。她带着对未来的憧憬，内心坚定地走下去，将生活带来的挫折与困苦留在背后的阴影中,而她的眼前永远是明媚的太阳,永远摒弃黑暗,向阳而生。

"生活像一棵树一样,即使生长得歪歪斜斜,也要保持向上的姿态。"对于这番话,我深以为然。

就像春日的嫩芽驱赶了冬日的寒霜,温暖总会降临。在追求理想生活的道路上,何惧道阻且长。这里有拨开云雾见月明的旷达,有奔赴山海的胆量,也有向光前行的坚定。要知道,当一个人踮起脚尖靠近阳光的时候,全世界都无法遮挡他的光芒。"那些波澜不惊的日复一日,一定会在某一天让你看见坚持的意义。"

我还是相信,所经历的都会过去,穿过夏季的烈日和冬季的寒霜,你总会到达春暖花开的季节。

02

小陶和朋友在小城市的一条小吃街中经营了一家规模不大的火锅店。起初,他们觉得小吃街上人来人往,客流量非常大,能够有更多的顾客。没想到,顾客都被其他的老店吸引,自己这边反而没有顾客光顾。

一连俩月,火锅店门可罗雀,小陶的朋友打算放弃,说:"不如出去打工,背靠老板,出一分力,挣一分钱。"小陶却将人拦了下来,提出尝试一些"创新做法",他觉得自己的新店没有日积月累的口碑打底,就要"出奇制胜"。

朋友怕这些努力仍会化为泡影，不敢去冒险。小陶却不想认输，想要再尝试一下，在小陶的坚持下，朋友决定再试试。

于是两人参照很多大型火锅店的营销方式，制订了六七种方案，最终选择了"KTV+火锅"的模式，让来吃火锅的顾客能够把吃饭和唱歌结合在一起，还赠送小玩具、刮刮乐等"小心意"。这些举措都是希望吸引更多年轻客户群体，然而小城毕竟活力不如繁华的大城市，这些措施能不能吸引到人还是未知之数。

在新方案实施初期，朋友每天提心吊胆，害怕这一次的投资也打了水漂，每日对着店铺流水愁眉不展。小陶却说："要不就别想那么多，要不就往正地方想想。"

有问题就解决问题！小陶照样很乐观。新方案实施后，火锅店的顾客越来越多，都是被能唱歌和送刮刮乐这种创新点吸引过来的。

当顾客品尝过后，发现火锅的味道也不错，价格也合理，于是，越来越多的回头客来到店里消费，他们的生意也渐渐好起来。

听到这个故事时，也许有人会觉得小陶的朋友不如小陶有勇气。其实要说勇气，朋友肯硬着头皮跟小陶一起扛住压力，并不能说其没有勇气。只是小陶实在乐观，正像那句话说的一样，"再见少年拉满弓，不惧岁月，不惧风"。

心中充满光明，才能够拥有勇气和力量去挑战未知，突破自我的局限，用积极乐观的心态看待每一件事情，化解生活中的艰难险阻。黑夜再长，也终会有破晓。忙碌的背影会冲散无所事事的孤独，橘色的黄昏会拥抱薄荷般的黎明。

《追风筝的人》中写道："每个人的心中都有一个风筝，不管那意味着什么，我们都应该勇敢地去追。"

人应像向日葵一样，任他风来雨去，仍然向往阳光。

03

说起向日葵，有人向我讲述了一个向日葵一样的女孩的故事。

她应当是一个90后，出生不久便被医院确诊轻微脑损伤，智力发育可能会受到影响。一个刚刚诞生的生命，就这样被病魔选中，她的家人没有放弃她，带她去大城市的医院治疗，几乎花光了家里的积蓄。为了她能接受更好的治疗，母亲在家里照看她，父亲则在外面打工赚医疗费。

这个女孩4岁才会说话，5岁才会走路，别的孩子自然而然就可以学会的事情，在她这里却需要母亲付出无数的汗水和泪水。

后来，到了上学的年纪，她的学习能力比年龄更小的小朋友还差。但她并未放弃，放学后会花更多的时间做作业，复习功课，学习完成后还要坚持做康复训练。

她的身体不允许她进行太多的体力游戏，于是漫画就成了她点亮生活的一种方式。在拿笔仍有些吃力的时候，她就开始创作她的漫画。

"在漫画里我学会很多东西，他们教会了我要勇敢、要阳光。

所以，我也想着能画出有意义的漫画。"女孩这样说。

后来，她如愿以偿地考上了大学，并在大学毕业后成为一名漫画家。她的漫画里尽是阳光和温情，带给人们一场场温柔的奇妙旅行。

"我希望我的作品可以给大家带来力量，在遇到困难的时候，能够像我一样，积极乐观面对生活。"在一次采访中，她说道，"疾病只能摧残我的身体，但不能带走我的灵魂。"

我很少看漫画，因此并不清楚这位向日葵一样的漫画师究竟是谁。但是想到她凭借着惊人的毅力使自己挣脱出黑暗，我想她的作品一定会如她所说的那样能带给人力量。

正如狄更斯所言：顽强的毅力可以征服世界上的任何一座高峰。

"莫道春光难揽取，浮云过后艳阳天"。没有什么伤痛是不可治愈的，没有什么寒冬是不可以逾越的。正如所有的冰雪下都藏着春暖花开，所有的乌云下都藏着湛蓝的天空。所有失去的，都会以另一种方式归来。

《向着光亮那方》一书中有这样一句话："抱怨深处黑暗，不如提灯前行。愿你在自己存在的地方，成为一束光，照亮世界的一角。"我们总觉得梦想那方是光亮的，但实际上真正发光的是追梦的你，而梦想的彼岸也是因为有你，才会熠熠生辉。

若这世界没有太阳，我便是自己唯一的光。

向阳而生,不只是向着阳光,也是向着自己所期望的方向。因为,你也可以是照亮生命的一道光。

愿你我心如草木,向阳而生。

请在每寸光阴里，
全力以赴去快乐

今天的我们仍在呼吸，
那么，也仍要开心。

~~~~~

01

很是奇怪，有时候人"享乐"的欲求，竟是和"快乐"相冲突的。

我们小区有个叫苓苓的女孩子，冲劲十足，每天"卷生卷死"，据说还被同事委婉地劝告过。每次我见到她，她都是风风火火的，不是跑着去赶通勤车，就是跑着去吃晚饭。

要想认识苓苓，也不必记住她的样貌，只要在这片儿地方见到一个令人倍觉精神紧绷的年轻姑娘，那就多半是她了。

据说，她连晚饭都不能安然享用，因为下班回来后她还有一份居家做的兼职。我和苓苓的交流一般发生在周日清晨，在楼下吃完早点后，她会在小区亭子里站上二十来分钟，将思绪放空。若有人搭话便缓声陪聊几句,这是她一周里少有的能称得上"休闲"的时光。

零零散散地,我了解到,苓苓这样努力,是希望以后过上好日子。

可是,交流中我能看得出来,苓苓并不为每日距离目标更近一步而感到喜悦。她不高兴,显而易见,对她来说,工作是工作,生活也是工作,确实没有什么值得高兴的事。

我忍不住问她预想中的"好日子"是怎样的,苓苓愣了一下,茫然空洞地回答:"可能就是享受吧。"

她想要享受生活,所以才那么拼命。可她似乎本末倒置了,拼命的过程并不快乐,如何享受生活的目标也很缥缈。

我前单位的另一个部门有一位姑娘,看起来和苓苓很像。她每天都很努力,我已经算是会经常加班的人了,而她从来没在我之前下过班。

有一次下班,我神思不定地走出去,忘记拿钥匙,等想起来慌张奔回单位时,发现门半开着,那位同事仍然没走。我本想打个招呼,然而她太过认真,似乎并未发现我,于是我又悄无声息地走了。或许从头到尾,她都没注意到有人来去了一趟。

但她和苓苓又不一样,因为她的努力过程是快乐的,我曾从她的眼睛里看到过细碎的星光。

她会在单位门外驻足,为将散的雨云而扬起唇角;会在中午自行加班时，为一口酱料鲜香的烤饼而眯起眼睛……我没什么机会和她搭话，也不知道她努力的目标，却能看出她会从生活的每个间隙中搜寻令她开怀的事情。

我想，她一定也会在工作中感到快乐——即使不为工作本身。

若说人生苦短，我且武断地认定有一多半人是自苦。

因为我曾见过、听过太多人主动放弃令自己快乐的能力，他们虽然身上揣着"美好期望"，可对生活中的美好却视若无睹：种一盆花有什么用？旅一次游有什么趣？玩个游戏不当吃也不当喝，为什么不把精力用在赚钱上？

至于赚多少钱才算幸福，取得多大的成功才能快乐，达成目标后又怎样从中获得乐趣？他们往往是说不出的。

快乐本是每个人天生就该拥有的权利，生活中的每一处间隙都可觅得那让人飘然自在的滋味。可以说，无论你志在高山还是甘居平凡，生命的最终指向，理论上都是"快乐"。然而有的人忙忙碌碌，竟是在与快乐分道扬镳。

我们从来听惯了"要认真努力"的教诲，总有各路人、各种事告诉我们"纵狮搏兔亦尽全力"，告诉我们"比你有天赋的人还比你努力"……于是我们一直在"用力地生活"，却常常忽略让自己开心也是一桩应当尽力而为的人生要务。

倘若我们爱着生命与生活，全力以赴去完成一件件应为之事，怎能忘记让自己开怀？

万事都要全力以赴，包括开心。

02

生活里固然会遇见不少遇难则上、遇强则强的"卷王"，用强大的行动力"卷"出自己的朗朗晴空，然而也有人会用看似平稳、淡然的姿态宣告——谁也别想打扰我的开心。

看到一名网友分享的帖子。她给同事发消息，同事平静地说："稍等呀，我在挨骂。"

过了一阵，同事回消息说自己从领导办公室出来了，于是网友问："骂完啦？"

同事回："没有，我跟领导说，不好意思领导，到下班时间了，您可以明天上班接着骂我。"随后又无比自然地问："我们待会儿去吃什么？"

有人在下面评论说网友同事这种"你骂你的，但不能影响我的心情和生活一点"的思维很值得学习。

现在人们都推崇"钝感力"，推崇"情绪稳定"，以至于以"稳定"著称的水豚卡皮巴拉被很多人奉为"精神偶像"。

确实，"稳定"二字看似迟钝无棱角，实则坚韧而富含勇气。

那时我的住处附近有一幢写字楼。为了避开潮水一样拥挤而匆忙的上班族，我通常会错开上下班的高峰期，早早出行。

某次在享受宁静的清晨时，一个年轻姑娘向我打听去写字楼应该如何走。第二次见面时，她认出了我，还主动问候"早上好"，我才渐渐留意到她。我发现她总是和初遇那天一样早来，因不知她的姓名，所以我在心里将其备注为"早上好"。

"早上好"总是早早上班，因为她晕电梯晕得厉害。若人们在电梯里挤挤挨挨如沙丁鱼罐头，还一层一停忽忽悠悠如浮沉江海，晕电梯的"早上好"只怕还没工作就要损耗大把精气神。可每次早上见到她，她从未显露出对乘电梯的不适。

有个雨天，我出门晚了，"早上好"也迟来了，写字楼附近已然车堵人挤，她自若地和熟悉的人打着招呼，鱼一样滑进人群，从容闲适。

和"早上好"有了更多交流却是在晚上。我吃完晚饭出去消食时，遇见了刚刚下班的"早上好"，因为时间比较充裕，于是我们一边往公交站点走，一边闲聊起来。原来，她们公司制度整改，她的下班时间被延后了。

那次交流时我还不知道她晕电梯，她只玩笑似的感慨一句"挺好的，从此我可以独享电梯了"便说起别的，所以我印象更深的是她对这场"隐形加班"的看法："我没什么工作经验，还不知道现在每天拖到这么晚，到底是自己的原因更多还是公司的原因更多。

先干着看看再说吧,有需要的时候再抱怨。"

"什么时候算是有需要呢?"我问。

"早上好"回答:"等到不说出口,就会严重影响心情的时候吧。"

那个夏天,我常常在晚上遇见"早上好"。与"早上好"的交谈令人舒心愉悦,不得不说我能傍晚坚持出门散步,也有她的缘故。

渐渐地,我知道她严重"晕梯"一直没有适应,知道她直属上司爱揽活却不出力,知道她和恋人异地,各自打拼事业最终却感情无法继续。但她的语气中听不出太多的负面情绪,反而教人觉出一种平静与满足——我仔细琢磨,确实从中品出些满足。这"满足"并非为她所承受的不适与压力,而是源于她心中的豁达和坚韧,她总能关注到那些柔软的、有光的事物,比如延迟下班后清静顺畅的电梯。

"早上好"是一个善于从生活琐碎里发现美好的人,也是一个善于让自己从中得到快乐的人。

我觉得"早上好"也会为与我"日常偶遇"而快乐,不是我自视过高,实在是她在做好"自我愉悦"这件事上既有天赋又肯努力。

"谁也别想消耗我的能量,熄灭我的生命之火"。看到这行文字时,脑海中第一时间浮现的正是"早上好"那总是平静且从容的面孔。

人生纵有万万难，明月依旧，清风还来，你我也总能拾起勇气，在繁难的围困下，给心灵寻找一条名为"快乐"的道路。

正如一首《江城子》中云，"须信百年俱是梦，天地阔，且徜徉"。

人生百年，履世一遭，我们没有理由放弃快乐的权利，更没有理由不为寻找快乐而努力。在我们追寻快乐的旅程中，每一次付出也都将酣畅淋漓。

快乐是出路，也是归途。

03

听人说起，有这样一个"傻姑娘"，总喜欢做一些"吃力不讨好"的事。

比方说，上学的时候学校里有"读书大赛"，选一些经典名著来，让学生自选一部趁着暑假读，开学后或交上一篇读后感，或登台演讲，或比赛背诵默写。别人都各选一部书读、选一个项目参加，而"傻姑娘"把书单上所有能弄到手的书统统读了，每一部都写了读后感，拟了主题演讲提纲，并把诗词佳句背了下来。

不仅一心想完成任务后尽情享受假期的同学们不理解，本来把"好好读书"当成孩子第一要事的大人们也不懂她为什么要做到这个地步。

而"傻姑娘"却说，这些书我都想读一读，这些项目我都想试一试。

后来参加工作，"傻姑娘"换了好几份工作，各个领域但凡能试试的她都会去闯一闯，包括那些别人看来又苦又累又没有前途的岗位。很快，她选定了自己的方向，要专心在这一领域里大展所长。家人们刚舒了一口气，觉得她"终于稳定下来了"，结果她又因为岗位调动去了离家很远的偏僻小镇。

在别人眼里这种调动堪称"贬谪"，可"傻姑娘"其实是主动申请调岗的，因为"大城市小城市我都看过了，山区林区我还没见过呢"。

其实讲述者的话里话外，这个什么都想试试的姑娘并没有因为她"不稳当"的行为而承担很大的经济压力，据说有几份很苦的工作薪资待遇还是很高的。但人们还是觉得她不聪明、莫名其妙，说她"女孩子家的，净给自己找罪受"。

看这位"傻姑娘"的经历，必然是吃了不少苦头的，但我却一点也想象不出她吃苦的样子。因为她这样奋起拼搏，拼得兴高采烈，像一尾搏浪的游鱼，一羽击空的飞鸟，比谁都要高兴。

快乐是将及的目标，也是已获的成果。它在未来，更应在当下。

在网上看到过一则寓言故事。

一只狐狸生平酷爱葡萄，一日路过果园见了从未尝试的新品种，为了一饱口福便将自己饿了好几天，饿瘦了从一处小墙洞里钻进去。在葡萄园里，狐狸大快朵颐，把自己吃得比以前还肥壮，于是又赶紧把自己饿瘦好钻出去。它将这番经历告知另外两只狐狸。一狐觉得不值，毕竟它又绝食，又冒着被人类发现的风险，吃胖又饿瘦相当于什么也没收获；另一狐却觉得值得，因为它虽担了风险，却尝到了自己从未尝过的味道。

这故事我寻觅出处而未得，但故事末尾所写的一段话我却清晰记得：

当一个人的人生立足于占有时，他注定会在占有欲未曾满足的痛苦与占有欲已获满足后的无聊之两极中徘徊。

当一个人的人生立足于建设时，他必将会在未达目标时的追求与到达目标的体味中潇洒。

前一种，无疑是一个两难的悲剧；后一种，则笃定是一种幸福的人生。

这故事的原意或是要人勇于实践，或是要人敢于尝试。而在我看来，故事的主角定是一只快乐的狐狸，它多方探寻、克服阻碍，得以大啖从未品尝过的葡萄，用尽智与力换来一份心满意足。

我们也可以做一只勇于摘葡萄的狐狸，尽我们所能去尝试所有可尝试的事物，然后耳目清明、心胸畅快，一派洒脱快意。

人人都道光阴易去且不返,或许我们应当用这宝贵的光阴去换取更宝贵的事物,在不懈追寻中,在梦想成真中,在豁然释怀中,尝得快乐的滋味。

　　请在每寸光阴里,全力以赴去快乐。

第二章

**若你决定灿烂，
山无遮，海无拦**

行动，
是打败焦虑最好的办法

问题的答案，

都藏在行动的每一步里。

01

人们常说，犹豫一万次，不如实践一次。很多事情总是困于想而破于行，消除焦虑最好的办法，就是立刻行动。对于大多数事情而言，当你做出决定并迈出了第一步，最困难的那部分就已经完成了。

小鱼是我在地铁上遇到的女孩儿，她坐在我的旁边，歪着头不知道在想什么。她的视线虚虚地落在一处一动不动，还不自觉地一次又一次无声叹气，全身仿佛落满了忧愁。我看着她这个样子，忍不住开口问道："怎么了，这样唉声叹气的？"

也许人有时在陌生人面前反而更容易说出心里话。

小鱼抬起头，有些难为情，但这难为情只是为了自己所烦恼的事情。见我发问，她几乎迫不及待地向我倾诉道："现在好多人都在做自媒体，我也想试试。"

"挺好的呀，你有方向了吗？"见她愿意与我说出心中的烦心事，我便多问了两句。

"我是学国画的，我想在网络上宣传国画知识，让更多的人了解国画、爱上国画。"

"是个不错的想法，那你怎么还愁眉苦脸的？"无论从文化意义上看，还是单说这个赛道的经济价值，这都是个很值得做的事。

"我有些害怕，不知道应该怎样去做，怕没人喜欢我的画；怕账号做不起来；怕别人会嘲笑我，甚至……"小鱼向我诉说了她不愿开始的各种原因。听着她的倾诉，我发现她焦虑的原因很多，但本质上都是内心的恐惧在作怪。

"万事开头难，我是说，给事情开个头，这事儿本身就挺难。"我试图用轻松的语气安慰她，"不过你也别把它想得太难，又不是做了什么就一定要做成，先上手试试嘛！"

小鱼的眼睛明亮又清澈，在她的身上，我仿佛看到了刚毕业时的自己。那段时间的我同小鱼一样，有着远大的理想，却忍不住对未来充满恐惧和焦虑。

我正在回忆里寻找曾经的自己，就听到了小鱼的声音："姐姐，我要下车了，我会加油的。"

望着小鱼的背影，虽不知她会做出怎样的决定，但我希望她能够心想事成。

时光荏苒，再次见到她是在半年后，那时我刚刚旅行回来，等地铁的时候，小鱼在远处认出了我。与她的再一次交谈中，我了解到小鱼的账号已经运营半年之久了。她说从上一次同我见面之后，就开始做这个账号了。"当时真的害怕，但又特别想做成这件事情，反复思考过后，我觉得我可以接受失败，就直接放手去做，也不想那么多了。然后才发现，曾经困扰我的恐惧和担忧大多数都是自己幻想出来的。"

我们相谈甚欢，小鱼还向我介绍了她的账号。账号的粉丝已经有两万多，我关注了她的账号，和其他热爱国画的人一样成为她粉丝中的一员。她同我说，当她勇敢走出第一步的时候才发现，其实这件事也没那么难嘛。

是啊，很多时候，我们的焦虑都来自内心对未知的恐惧和幻想。

就像这句话说的一样：凡事只有先去做了，才会在做的过程中不断印证自己的想法，进入到一个尝试、反馈、修正、推进的正向循环，从而不再被未知的恐惧支配。

若对将要做的事产生恐惧，那么，把它交给行动就好，行动会为你摆平一切。

02

在网上看到一个如何打败自卑焦虑的文章，简单翻看了一下，文章虽然名为"打败自卑焦虑"，可文章底部的读者留言却充斥着对自己的不满。这些宣泄般的话语让我想起了一个素未谋面的女孩儿。

在一次旅行途中，我居住在一家小型民宿。说是民宿，实际上就是在自家院子里空出两三个房间，供旅行的人进来休息。那天，民宿里只有我这一位旅客，民宿的老板娘便招呼我一起吃晚饭，在聊天时，我了解到老板娘有一个在上大学的女儿。

"应该放暑假了吧，怎么没看到她，出去玩了吗？"记得从来到民宿就没有见到过女孩，我便随口问了一句。

"我倒是希望她能出去走走。可是她啊，每天都窝在房间里写写画画，想起她来我就头疼。"老板娘摇摇头接着说道，"以前她挺活泼的，也很喜欢和朋友出去玩，上了大学以后就像现在这样，放假回家就待在房间里，也不出去走一走，每天就闷在房间里写故事。"

"找到自己喜欢做的事，当然就一门心思钻进去了。你女儿一定很喜欢写作吧？"

"她开始写文章一部分是因为喜欢，一部分是因为自卑。"老板娘边夹着桌上的爆炒绿豆芽边说。

"自卑？"我一方面疑惑原本开朗的女生怎么会变得自卑，一方面又在思考自卑和写作之间有何关系。

面对我的疑惑，老板娘耐心地解答。原来，女生的高考成绩并不理想，与她的朋友相比要差一些；大学的时候又被调剂到自己不喜欢的专业，上课无比痛苦，自觉没学到什么本事；闲来无事去学吉他，空有满腔热情，学习得总是比别人慢；就连和同学们一起出去找兼职，都没被选上过。

在不断自我怀疑的过程中，女孩开始觉得自己一无是处。但是，有的人越是内心苦闷，越喜欢与书为友。在阅读诸多佳作后，女孩萌生出自己撰写人生百味的想法，于是开始提笔写下属于自己的文章。

老板娘看到女儿不似从前那般对什么都提不起干劲了，自然是全力支持女儿的想法，母亲的鼓励也让女孩有了前进的动力。她会在文中书写自己渴望的生活，也会用纸笔倾诉自卑带来的焦虑。

"不过她现在不自卑了，应该是找到喜欢的事情做了。她的文章现在可多人看了，都夸她呢！"老板娘骄傲地说，随后便在手机上翻找女孩发表过的文章。

有类似校报的截图，也有公众号的推文，老板娘热情地捧着手机，邀请我阅读。

一开始映入眼中的，是十分有青春气息的活泼文字。我带着笑继续看，逐渐感受到女孩写作风格的变化。疑惑的我略一思索，留意看了下发表时间，原来老板娘先给我看的是新近的作品，后来才是从前的文章。

女孩的笔触格外细腻，但早期遣词风格上似乎较为沉郁，起码那些学校里写的相对"积极昂扬"的征文总有些束手束脚感，公众号上"冷色调"的小小说、散文等显然流畅自然得多。

写作风格的转变让我读出了她心境变化的过程。

女孩产生自卑焦虑的原因同我们许多人一样：与他人或想象中的自己相比，都没有达到预期的模样，便妄自菲薄，觉得整片天都塌了。

接纳，是治愈心灵的良药。

很多时候，我们会对当下的自己感到不满，看着旁人光鲜亮丽，会觉得自己与他人相比总是差一些，因此变得焦虑不安。对现状不满，一时又难以改变，只能自怨自艾，处在焦虑之中。

可实际上，每个人都是独一无二的，都有自己擅长的事情，何必执着于和他人擅长的事情相比？与其制造不必要的焦虑，不如行动在自己的领域里，用行动创造价值，散发光芒。

03

前两年，因为疫情经常被隔离在家，我的朋友小微逐渐养出了懒惰的毛病，在居家的那段时间里，她每天吃了睡、睡了吃，没事情做就去玩游戏。渐渐地，她开始越来越懒惰。疫情结束后，她也不愿再出去工作，每天无所事事地待在家里。

就这样过了俩月，一天，我被邀请去她家里一起吃火锅、看电影。电影很精彩，她却一直心不在焉，似乎想同我讲些什么。在影片播放到一半的时候，她突然问道："我现在这样是不是真的很过分啊？"

我被她突如其来的疑问打了个措手不及，但很快便反应了过来，试探性地问道："你说的是关于工作的事情吗？"

"看吧，果然你也觉得我不工作很过分。"

这个反应，倒是令我一时间不知道该说些什么，刚想开口解释，就听见她懊恼的声音："我也觉得每天待在家里无所事事是不应该的，但是我真的很不想动。"听到这句话，我大概猜出了她今天兴致不高的原因。

"我现在总是觉得做什么都好累，但是躺在床上又会想，总不能一直这样下去，应该做一些有意义的事，但自己又没有行动的动力。烦死了，我应该怎么办啊？"看着她紧紧皱着的眉头，我开解道："想做什么就去做啊，有想法了就马上行动。"

"可是还没等我做好心理准备，懒惰就再一次将我拉回到软乎乎的床上。"她向后一仰，慵懒地靠在沙发上，在她的脸上我看不到对未来的激情，只有无限的焦虑。

"那就再快一点，有句话怎么说的——"我探出胳膊去摇着她，"趁懒惰还没反应过来，就解决掉它！"

她被我摇得一晃一晃的，两手一通乱抓，揪住我的衣服要坐起来："我知道了，知道了！要是此行不成，你一定要给我报仇！"小微终于站起来，抓着我的手，玩笑般的话语里还带着些微迷茫不安。

"试试不就知道了？你且放心，我愿为你督战！等你除掉懒惰大敌，可别忘了与我庆功。"我很想让她立刻行动起来，不管干点什么，哪怕只是出门买个菜，总之别继续在家窝着了。但我也知道需要给她考虑的时间，不能硬推着她走。

大概又过了半个月，我再次被邀请去她家里，她已经没有了先前的焦虑，脸上洋溢着灿烂的微笑。

"看来你大获全胜了。"

"是啊，听了你的话，有想法了马上去做。行动起来以后才发现，我根本没时间懒惰，没时间焦虑。不得不说，此计甚妙，只是我的好日子也到头了，接下来要忙得天昏地暗了！"小微嘴上说着抱怨的话，其实整个人已然是精神焕发。

康辉在《平均分》中写道："该你做的功课，提前做也是做，拖到最后做也是做，该你做的事，随手做也是做，集中到最后花大量时间、精力、气急败坏地做也是做。把这些事情都安排合理的话，你就很主动，很少惊慌失措，其实这才是最省力气的办法。"

功课如此，人生亦是如此。

不要躺在懒惰的怀抱中焦虑，行动起来，懒惰就无法再支配你的身体。很多时候，我们的焦虑都来源于自身的"不作为"。行动，才是打败焦虑的利器。

懒惰带给我们的只有片刻的欢愉和无休止的焦虑,而焦虑何尝不是在浪费时间,它不会改变任何事,只能搅乱你的脑袋,偷走你的快乐。这个时候我们能够做的,就是立刻行动,戒除懒惰的恶习,在行动中战胜懒惰带来的焦虑。

若你决定灿烂，
山无遮，海无拦

你若决定灿烂，

倒影也会美得让人惊叹。

~~~~~

01

在红尘世间的喧嚣与忙碌中，有一个与众不同的身影，她就是流浪者小林。

小林并非因为生活所迫而流浪，相反，她已经实现了财务自由。曾经，她在商海中拼搏，凭借着敏锐的商业头脑和不懈的努力，积累了不菲的身家。然而，在事业的巅峰时期，她的内心却越来越感到空虚迷茫。

于是，她毅然决然地放下了一切，带着家人的指责和别人不理解的目光选择了流浪的生活。她没有被物质的枷锁束缚，而是追寻着内心真正渴望的自由，用另一种方式活出灿烂的人生。

小林的行囊很简单，一个户外背包，装了一些必备物品和几件换洗的衣物，还有一个在手机没电时用来做笔记的小活页本。她走过繁华的都市街头，看过霓虹灯下的热闹与繁华；也走过宁静的乡村小道，感受过田园风光的宁静与祥和。

在旅途中，小林遇到了许多有趣的人和事。而她的故事，是我在一位早餐店老板那里听到的，当时老板正与人说着他们的初次相遇。老板说小林流浪的第一站便是这座城市，那时的小林虽然有些沧桑，但身上看不出流浪者的样子。

那时已经过了早餐的用餐高峰，店里没有多少人，老板收拾着桌子，随口问小林是不是工作很忙，看着很累的样子。

于是小林讲了自己的故事，并说了这样一句话："我觉得自己已经享受过了很好的物质生活，该去寻找内心的满足和安宁了。"

早餐店老板说，其实一开始自己对小林的话并不以为意，只以为是富家子弟出来体验生活，感春伤秋一番也就回家了。没想到自己口头上的支持和随口一句"要有机会再见，一定给我讲讲你的故事"，竟被小林记在心中。

三年后，完全成为一名流浪者的小林再次来到这座城市，向老板分享了流浪三年的趣事和感悟。

"当时我看见她，都没认出来，之前年轻贵气的姑娘，现在满脸风霜。不过虽然人变得粗糙了，精神头却更好了。"

老板说小林在流浪的时候遇到过一群志同道合的年轻人，她们一起在海边露营，畅谈理想和未来，她们都不被世俗的观念所束缚、牵绊。

小林并不追求奢华的生活,有时候甚至会和遇到的旅友在公园的长椅上度过夜晚,仰望星空,思考人生的意义。她在街边的小餐馆品尝当地最地道的美食,与老板和食客们交流当地生活的点滴。她用自己的脚步丈量着这个世界,用心感受每一个地方的独特魅力。

有一次,小林来到一个偏远的山区,那里的孩子们生活贫困,眼神中却充满了对知识的渴望。她决定用自己的力量将孩子们渴望的知识、渴望的"外面的世界"带到他们身边。看着孩子们脸上洋溢的笑容,小林感到无比的欣慰和满足。

小林的流浪生活并非一帆风顺,她也会遇到困难和挫折,也会遇到恶劣天气,也会生病受伤,但她从未抱怨,从未退缩。因为她知道,这是她选择的道路,是她追求自由的代价。

听着小林的故事,我也备受触动。我想,或许多年后,小林依然在流浪的路上,但是她的故事将传遍许多地方,也将有很多人通过她的事迹找到内心的平静和真正的自由。

有一句话,我仅看过一眼,便深深刻印在脑海中:涓滴细流,终成江海;点点星火,终燃烈焰。

人生之旅也可看作是一场拾荒之旅,这里捡一点快乐,那里拾一点坚定……星点明光拼拼凑凑,初始化的我们才有了完整的灵魂,可以泰然面对全部的历程,从容笑评"我这一生"。而我们自己所认定的圆满与幸福也由此而来,将细碎的"生活"化作厚重而璀璨的"人生"。

而在人间旷野中捡拾灿烂,首先我们自己要决定灿烂。

02

小小在一次独自旅行的途中,遇到了一位令人难以忘怀的大姐。

那是一个阳光明媚的清晨,小小拖着略显沉重的行李箱,登上了开往远方的火车。车厢里弥漫着各种复杂的气息,人们的表情也各不相同,有的疲惫,有的兴奋,而小小带着疲惫的心情和些许不安,开始了这次未知的旅程。

就在小小安放好行李,准备坐下的时候,一阵爽朗的笑声传入她的耳中。小小循声望去,只见一位大姐正笑容满面地和身旁的乘客交谈着。大姐的笑声仿佛有一种魔力,瞬间驱散了车厢里的沉闷。

大姐看起来五十多岁的样子,眼角有了些许皱纹,但那明亮的眼睛和灿烂的笑容,让这些皱纹都显得格外生动。她穿着一身简约而舒适的运动装,头发随意地扎在脑后,整个人透着一种随性与自在。

一路上,大姐的笑声和话语从未间断。她似乎对每一个话题都充满了热情,无论是风景、美食还是人生经历,她都能说得头头是道,并且总能从中找到积极向上的一面。

坐得累了,小小便起身,站在餐车的座位旁,透过玻璃窗望着远处的风景,心中不禁涌起一阵孤独感。

虽然小小喜欢独处,但"孤独"有时是另一回事。

这时,大姐突然走到被孤独袭击的小小的身边,轻轻地拍了拍小小的肩膀说:"小妹,出来玩就得开开心心的,别一副心事重重的样子。"她的声音温暖而亲切,让小小的心一下子安定了下来。

后来小小才知道,大姐也是一个人出来旅行的,她说自己曾经经历过许多挫折和困难,但她始终坚信,生活中总会有美好的事情在等待着她。所以,她选择用乐观的心态去面对一切,让自己的每一天都过得灿烂无比。大姐听说小小和自己有着相同的目的地,当即决定希望能与她同行。小小也被大姐的积极向上所感染,便答应了这次组团活动。

她们一起在一个小镇下了车,决定在这里停留一天。大姐带着小小穿梭在古老的街道,教小小如何在陌生的地方寻找值得品尝的特色小吃,并快乐地和小小就着小镇的历史、传说探讨辩论。

晚上,她们坐在河边的长椅上,看着星星点点的灯光倒映在水中。大姐说:"人生就像这河流,有平缓,也有湍急,但只要我们心怀希望,就能一直向前。"那一刻,小小望着她被月光照亮的脸庞,仿佛看到了生活最美好的模样。大姐灿烂的心赋予了她勇敢飞翔的翅膀,带着她飞越万水千山,为她自由的灵魂镀上一层光芒。

旅行结束后,小小和大姐分别回归各自的生活。整场旅行中,虽然大姐说自己也遭受过困难、忍受过孤独，但从头到尾她都没有对小小倾诉任何负面的情绪，使惯于做"情绪垃圾桶"的小小享受了一场"放空"旅程——小小确实在大姐的带领下没花费任何心思。

所以，很久之后，大姐具体的形象都已模糊，可那灿烂的笑容还留在小小心底，成为小小在面对困难时的一股强大力量。

有人说，没有坦途通向未来，但我们还是摸索着蹒跚前行。

路不是从来就有的，梦想也绝不会像梦一样时常现身于生活。但人们终归是走着、想着，踮脚去摘自己期盼的星辰。

每当小小感到迷茫和沮丧的时候，都会想起那位在旅途中遇到的大姐，想起她的乐观和勇敢，并从那已然化作记忆里一个符号的灿烂笑容中汲取力量。

不必畏惧山的棱角，不必担忧海的浩渺，当你坚定地说"想要"，便绝不会落得旅途寂寥。

03

曾经的一段时间，生活的琐碎与压力如同一团迷雾，将我紧紧包裹，让我陷入了深深的迷茫。那时的我对未来失去了方向，每日在忙碌中徘徊，却始终找不到内心真正渴望拥有的东西。

于是，在一个普通的清晨，我决定放下一切，独自踏上一段未知的旅程，希望能在陌生的风景中找到答案。

我没有详细的规划，只是随意买了一张车票，便登上了远行的列车。靠窗而坐，看着窗外不断后退的风景，我的心情却并未因此而轻松起来。脑海中依旧充斥着各种纷乱的思绪，对过去的懊悔，对现在的困惑，对未来的担忧。

我来到了一个海边的小镇。咸咸的海风轻轻拂过脸颊，海浪拍打着岸边的礁石，发出阵阵轰鸣声。我沿着沙滩漫步，留下一串孤独的脚印。

这时有什么东西硌到了我的脚底，我险些崴着脚，惊诧地退开，发现是一种贝类。那时我对海鲜水产了解不够多，现在回想起来大概觉得是蛏子之类的。

我不知这里是一副死去的躯壳，还是藏匿着一个谨慎的灵魂。于是我退开一点，静默不语。

过了好一会儿，这贝有了动作。我忽然意识到它要潜入沙中，下意识地一手插入沙子下，将它挑了出来。但我却不知捉住它之后又能如何，于是又陷入沉默。

我以为这类小东西因为警觉，总是会过分胆小的，虽然在一旁蹲守但也只是无事可做而已，并不指望看到它有什么精彩表演。

孰料，它安静了一阵，一阵浪潮涌上，它的壳中立刻探出肉足，一弹一弹地遁去了。

其实它游泳的姿势看起来并不机灵，也不优美。但在逃命要事前，谁也不能强求一个非人类生物去满足一个人类的审美。

况且，在水里冲锋的瞬间，它的形象在我眼中简直如同一颗流星。这薄壳的、细小的、也不被人类判定有智力的贝类，在我面前展示了动态的"生命"。

或许人低落时总是更加敏感多思，我在那贝逃走的海滩处坐到夕阳西下，为着一个不需要捕猎果腹的无聊的人惊扰了海中的生灵而生出些许羞赧，也为"贝的一跃"而心生触动——关于"危机与勇敢"，关于"生命与灿烂"。

回去的路上，我一直想着那贝类，逐渐从原本的烦心事中转移了注意力。回归冷静后，我开启了新一阶段的反思，意识到迷茫并非终点，而是一个重新审视自己的契机。

人类常以自然为师，我也决心向那陌生的贝学习，果决地窜行浪潮，跃向未知却广阔的海洋。

撒贝宁在《开讲啦》里说，如果命运是世上最烂的编剧，那么你就要争取，做你人生最好的演员。

在人生这场戏中，我们应当勇于演绎自己的所想所求，直面挑战与未知，触及心中渴望的彼岸，拥抱那无限可能的未来。

没人能否定你，
你自己也不可以

别怕，向前看，不会踌躇；
向后看，不会退步。

～～～～

01

有一年冬天，为了避寒，我打算乘火车游厦门。路途遥遥，之所以没坐飞机是因为突发奇想挑战自己。行至中途忘记停在哪一站，我只感觉头脑昏昏、四肢疲乏，实在不能再忍受车厢里的氛围，于是想请工作人员核验身份提前下了车。

那时我不知道提前下车出站要办哪些手续、于人于己是否有些麻烦，便特地找了乘务员问询。被我叫住的乘务员很有耐心地询问我为何要提前下车，可是身体不适需要帮助。

我告诉乘务员，自己许久不坐长途车，感觉不太舒服，提前出站休息一下，调整了状态再出发。

正与乘务员沟通间，忽然一个脑袋探过来。坐在车厢末端的一位老兄扫了我们一眼，又缩回同行人身边阴阳怪气地道："你说还有多少站？怎么就要提前下车？透透气再回来不行吗？坐不了长途车为什么不坐飞机？"

乘务员也听到了车厢里的议论，略提高声音表示"提前出站当然是可以的"，然后又柔声对我说，只是没有特殊原因，后半程票钱就退不了了。乘务员边说边帮我取下行李，并细心叮嘱："你确定打算在这站下吗？一会儿开这边的门……"

我当时整个人怏怏的，听了末座乘客一番话更觉心中闷闷，下了站台还总觉得背后有人对我指指点点，并投来质疑的目光。

待到被寒冷的风一吹，我的大脑缓缓恢复运转，才后知后觉地有了被冒犯的感觉。可想着那串连珠炮似的发问，我又忍不住想，是不是自己确实过于矫情、不肯吃苦、规划不好自己的生活？

从陌生城市的人群中穿过，我开着导航寻觅附近可供小憩的地方，心里还反反复复回想车上的经历，神思恍惚、头昏脑涨，预想中探索新地方的兴奋劲儿也全部消散了。

坐在一家饮品店，我喝了一口冰凉的果茶，驱走了烦闷，这时才感到脑袋里的一片混沌被拨开，我真正地清醒过来了。

既然是我的旅途，为什么我不能中途下车呢？

规章制度是允许的，工作人员也不觉得被添了麻烦，目的地也没有任何一个人需要我按时达到——对，为了"随便走走"，我甚至没有提前预订旅店。

难道是这座供我临时歇脚的城市不欢迎一位意外来客吗？我抬头四望，有人忙碌，有人悠闲，但没人反对我暂留此地。

左思右想，也没检视出提前下车的行为有何不妥。硬要说我犯了错误，大概就是：一个心智成熟的人，居然在某次正当行为中，因为旁人随意的几句话而轻易自责自罪。

有个关于人际交往的理论认为，与人谈话中自贬，将形成"破窗效应"，由自疑而自贬，从自贬而自罪——"我"便退败了。

一开始，我并没有将"下车事件"和"自我否定"联系起来，因为我自觉只是郁闷了片刻而已。可我将这份经历和感受讲给好友，她犀利地指出："自知有错的人为了自辩会百般找理由，你自证中途下车于人于己都没有妨害的时候，确定完全是在客观理智地剖析吗？"

我一时哑然无语，细思之下只得承认，那番昏沉下的"无错分析"，确实一定程度上证明彼时的我处于自罪和内耗的境况，正常情况下谁会想那么多呢？

我这位惯于写些严肃材料的朋友以十分郑重的姿态，传达了对倒霉友人的关怀：可以自我批评，严防自我否定。

对此我欣然认同，毕竟人总有精神脆弱的时候，"归罪自己"的苗头总会蠢蠢欲动。

人不可欺人，更不可欺负自己。

02

图书馆的休息区，有人轻声通着电话来了，有人低语着和同伴走了，窸窸窣窣的动静时有时无，以至于我一时没有觉察来自身后的小声啜泣。等我通过金属柱子上走形的影像发觉时，整个区域只剩下了我们两人。

在上前关怀和沉默避让之间，我最终决定走出图书馆觅食，将静谧的空间交给那位小声哭泣的女士。

临近午间用餐高峰，我寻了一家面馆坐下后，没过多久店里的桌椅逐渐被坐满。我埋头用饭时，忽然听到一个沙哑的声音说："你好，请问这里有人吗？"

我抬头一看，是个穿着黄色上衣的姑娘。这姑娘坐在我旁边后，我忽然想到图书馆金属柱子上映出的人影好像也是一身黄色衣服。

拼桌的姑娘点了一碗凉面，面还没上桌，她的手机先发出召唤。手机里漏出只言片语，姑娘略带鼻音地应着，不停地说着"对不起""抱歉"。

她的态度诚惶诚恐，以至于一旁根本听不清她手机里声音的我都好像平白遭了排揎。

怪不得老话说不要在饭桌上训孩子，那种充满指责抱怨的气氛真的让人食不下咽！我想着，试图加快吃饭的速度。

但是，我要的是一碗热汤面，红艳艳的辣椒和热腾腾的面汤一同劝我勿要莽撞行事。于是，我又去冰柜里拿了一瓶冰汽水，付过款回来时，黄衣衫的姑娘已经挂了电话。

目光相接，我犹豫着对她礼节性地笑了一下，她也露出迟疑的神色，然后又说了句"对不起"。这次，这声"对不起"属于我。

她似乎从我的表现中觉察出自己的"罪过"，为打扰我吃饭而致歉，而后又小心地补充了一句："图书馆里也是，打扰到你了。"

果然，这位正是图书馆里独自垂泪的女士。

陌生的我们没有产生更深入的交流，但我已然发现，在她的心中盘桓着这样一个念头：都是我的错，我在给人添麻烦。

三两句寒暄浅谈后，我们各奔东西。我不知道她一句句"对不起"里究竟藏着怎样的故事，只是事后还是忍不住想起她。面对这样的人，很容易产生无能为力之感，毕竟熟识的人或许可深谈几句，萍水相逢者却难以凭三言两语便点拨了旁人的烦忧。

假如生活是一篇小说，我定要为这段故事加上这样的结尾：我或者任何一个人对她说"你很好，不要总觉得自己做错了事"，她便大受触动，自此笑对人生。可惜现实中我顾虑重重，担心她深陷自我否定的泥沼，也担心不明就里地鼓舞反伤及她的心灵。

否定是一种精神鞭挞，自我否定则是一场加诸己身的折磨。

我认识的很多人都有"三省吾身"的智慧品质，在一场场人生"复盘"中正视自己的瑕疵，填补自己的漏洞，使璞玉生辉。我也同样认识很多人，他们未必都会将自己置身于别人的放大镜下接受审视，却总是不自觉地用放大镜来观察自己的差错。大概自卑和自傲果真是一体两面,他们好像真的连叹口气都担心会引发社会群体情绪低迷。

依稀记得在一部外国的影片或电视剧里,表达了这样一个观点,翻译过来大意是:你犯了一个错误,不代表你这个人错了。

希望我们都有足够的能力分清什么时候是"事错了",什么时候才是"人错了"。

03

小区"垦荒团团长"——将无人管理的花坛和空地开辟成有花有叶、有菜有果的小菜园的阿姨,曾经坐在单元门台阶上和邻居们讲了这样一个故事:

某位老太太年轻时经常受人非议,因为"干啥啥不行"。等她上了岁数该享天伦了,她却过不惯城里的生活,想让闺女找人帮忙把老家的砖土房翻修一下,自己回去过两天逍遥日子。但是这老太太的闺女坚决反对,说什么也不肯让老母亲独自回老家待着。

这时,旁听的人问:"这闺女是不是怕花钱呢?"

"团长"阿姨摇头:"不是钱的事,老太太自己有钱。闺女也说过要给她在自家附近租个房或干脆再买套房。"

原来,做女儿的不放心母亲回老家,是因为怕她做不好饭吃坏身体,怕她干不好家务生活邋遢,怕她屋里水电出了故障不会找人修，怕她被搞传销的骗了多年血汗钱……

其实担忧独居老人本是常情，可这个女儿操心的架势，仿佛那个能一口气在老家山上走个来回的老母亲没有一点生活自理能力！原因无他，只是因为从小到大母亲给女儿的印象就是"什么都做不好"。

故事讲到这儿，又有人质疑了："这老太太腰包挺鼓，一把岁数了还能上下山。她老伴儿也早走了吧？听着这些年好像没个老头子和她相互支应。这么一个人怎么可能干什么都不行呢？"

"团长"阿姨长叹了口气："她自己说自己不行呀！"

故事里这位老人家里家外其实并不懒惰，只是从年轻时起便拘谨小心，无论要她做什么，第一反应都是："我行吗？我做不好吧？我真做不来！"

人们一开始觉得她是谦虚客气，后来又觉得她是假装做不好躲懒，其实她一边说"不行"一边也差不多把活都干了，不会做的也基本学会了。或许是因为确实没有能让人眼前一亮的功夫，她付出的辛苦没人关注，口口声声的"我不行"倒是被人记住了，就连生活在一起的家人也被遮蔽了眼睛。

讲到这里，周围的人发出意味难明的"啊呀"声，"垦荒团"里特别活跃的一位阿姨流露出"有话要说"的神情，最终嘴唇开合了一下，也随大流地"啊"了一声。

当时我的耳机里正播放有声书，听到"团长"阿姨所讲之事，脑子里迅速滚过一片弹幕："面具戴久了，就会融进你的血液里""话说得多了，也就成了真"……摇摇头将脑袋里过多的小说成分甩出去，仔细品味这个"我不行"的故事。

人们会是以怎样的心态说出"我不行"的呢？是谦谨藏拙，是自卑自贬，还是将之作为免责声明？

在这个令人一时无语的故事里，"我不行"无疑是一句荒诞的魔咒。它或许出于客观衡量，或许出于主观臆断；有时带来一些轻松、抛下一些麻烦，有时招致一些轻视、酝酿一些祸患。但一次次地，有什么东西被剥离、瓦解——从我们的思维和灵魂中。

总有人试图用"我不行"推拒外来的风雨，却在心底留下一洼泥泞。

有一句话叫作"承认自己做不到，是进步的开始"。坦然面对自己的不完美称得上是一种智慧与勇气，但自我否定不是。自我否定既非谦虚的美德，也非坦率的品质，而是对自己人格病态的诊断。它可能是一场"误诊"，却使你坚信，然后逐渐丧失生气。

所以，即便你不想高估自己，至少也请一定记着不要把自己看低。

总不能还没努力，
就向命运妥协吧

你可以认输，
但应是在尝试走过所有路之后。

01

我曾经做过一份特殊的工作——家教。说它特殊，是因为我非真正意义上的教师，学生也不是需要提高成绩的孩子。

我的学生董姐，那时约莫已有30岁，而我则是初出茅庐的大学生，身上还带着几分愣头青的气质。如果是现在，我发现我以为的学生家长就是我要教导的学生，说不定会思揣犹豫、萌生退意。但当时我只知道自己被打动了，要尽力帮董姐圆梦。

董姐有一个文学梦。她自己看了很多小说，觉得时下流行的那些"热梗""热门"，虽然看的时候手指痒痒，觉得自己也能写出来，可真到自己动笔要写的时候，却又觉得那不是自己想写的东西。

她尝试过连载网文，写短篇小说，写随笔散文，在一次次投稿不过的打击下，还试过在自己的社交账号上免费发布，只希望有人能看到她的文字并心生触动。

为此她还跟着知识博主、写作博主学习写作技巧，最后发现，自己真正的薄弱点在基本功上。

"没有好底子，怎样的巧思设计，怎样的瑰丽世界，都没法呈现出来。"董姐认清了这一点，决心从"打地基"开始。

于是，我接到了董姐委托我指导写作的请求。

"就当我是小学生一样教，如果你觉得我的水平提上来了，那就转为'小升初'。"第一节课时，见我有点紧张，董姐这样对我说。

那段时间于我并不轻松，因为打基础时学的本事，有些在时光里消散，有些则融入骨血——手是会写的，嘴巴是说不明白的。可客户董姐不说放弃，我也不想轻易退缩。

休息时，为了和尚不熟悉的董姐开启话题，也为了满足自己的好奇心，我问她为什么要坚持写作。

董姐笑眯眯的，圆润的脸颊上带着健康的红润色泽。她没有回答自己为什么要坚持，反而给我讲了她的若干次放弃。

一次是写连载网文的时候，她刚发了两章，就被"热心书友""指点"了一通，全面推翻了她的主角人设和背景设定，并教给她一套自己爱看的新设定。董姐深觉震惊，联想到曾经见过的种种网文纠纷现象,心知网络上免不了有人喜欢指点江山,便不再更新,那部刚开了个头的小说也在书库里消失了。

另一次是尝试写短篇投稿。投稿给多家媒体账号后,遭遇了好几次拒稿。这时有个好心的编辑建议,如果实在过不了稿,可以把废稿发在自己的社交账号上,或许能逐渐多些读者,得到一些中肯的建议,或遇到风格相合的收稿方。董姐觉得这法子不错,带着"与同好交流"的想法把稿子发了出来,结果就被熟人看到了。

这位熟人一口一个"大作家",大捧特捧,令董姐坐卧不安,浑身上下如同长满了刺。正当董姐想着如何将热情的熟人应付过去时,"作家董某"的名号在亲友群体中便迅速传播……提起此事,董姐仍心有余悸。

后来,董姐转走了纸媒的路子,往报纸、杂志投稿。有位编辑在退稿函中诚恳地对她说"万丈高楼平地起"。

"我琢磨了很久呀,我那点天赋还不够掩盖自己的短板,等到灵光消退的时候没准就一个字也写不出来了。"董姐说自己尝试自学,可奇怪的是"小孩子能看得懂的东西,我居然看不进去"。说到这时,董姐抬手比画了一个"知识从脑子里流走"的动作。

在董姐诙谐的叙述下,是她一次次遭受打击而萌生出的退意。这些退意,有时源于"一时上头"情绪冲动,有时则源于热情消磨后的思索。但我坐在董姐家里,和她面对面的时候,我们都知道,她不会轻易放弃。缘起于热爱,坚持以不甘,或许有一天她终将因为她的不妥协而成功。

"害怕危险的心理，要比危险本身还要可怕一万倍。"不敢面对困难，就是最大的困难。

那会儿为了备好课，我重温了很多"必读书目"，感觉《鲁滨孙漂流记》的故事很适合用来做案例。在荒岛之上求生播种作物时，主人公经过季节干旱，经过禽鸟偷抢，经过野兽破坏，但一次次尝试后他拥有了麦子，也拥有了葡萄。董姐不也是身处"求不得"的心灵荒岛，为滋润自己的生活而做出一次次努力吗？

在那特殊的写作课程步入尾声时，董姐对我说："不知道以后会不会因为某些原因，我又一次产生放弃的念头，但目前为止，我还是觉得自己该试试，再试试。"

董姐说着"再试试"时的语气，在我的记忆里扎了根。等到我也流淌汗水、耗费心血，然后同样轻描淡写地对亲友说"我再试试"时，忽然清晰地认识到：在宏大的"命运"面前，微小如我即便认输，也该在试过所有法子之后。

或许有些时候，我们确是应当撞过了一圈墙之后，再回头。

02

在听闻小靖受伤之前，谁也没想到看起来温柔腼腆的她居然是个户外运动爱好者。

大概是反差感太强，同事之间的传言从"小靖攀岩受伤"毫不犹豫地转向了"小靖旅游时遭遇了车祸"。除了和小靖私下关系比较好、联系比较多的几个人在说这个话题时还和"攀岩"沾边，别处的讨论又掀起"没事少出门""车越来越多，越来越乱"等不知道说了多少遍的议题。

等小靖销假回岗，单位主流话题已经演化为"旅游啊？我去过哪哪，没意思"，还是那几个关系好的同事来问一问她的恢复情况，顺便讨论了她究竟怎样受的伤。

"其实那会儿已经觉得有点吃力了，但从来没上到过这个高度，想着再坚持一下。"小靖讲了自己的经历，觉得这趟破了自己的记录，不算白受伤。

同事啧啧称奇："没想到，你还挺有好胜心。"

小靖照旧温柔地笑笑："不想输嘛。"

小靖刚会走路的时候就生了场病，身体不好，自此全家精心照料，怕她冷怕她热、怕她渴怕她饿，一家人几乎是不错眼珠地时刻盯着她。一开始年幼的小靖只是像所有孩童一样享受家人的呵护，可渐渐地，长大后的她对外面的世界生出了更强烈的向往。

"我也想参加运动会""我们班要一起去爬山""我可不可以学游泳吗"……小小的孩子有着自由奔跑的天性，小靖的父母也希望女儿能够活泼快乐。但考虑到小靖从小体弱，父母决定跟一向聪明懂事的孩子讲清楚。

知道父母因为担心自己生病才限制了各类运动，小靖不舍地告诉小伙伴们自己不能和他们四处跑跑跳跳了。但有一天，小靖突然提出：做运动可以强身健体，如果怕生病不应该多运动吗？

小靖父母告诉小靖，因为小靖生病后一直体质弱，可能还没锻炼好就要累得再生病了，家里也没人能在小靖参与运动时一直照顾她。

"我们去问医生好不好？"小靖央求着，"医生知道我可不可以运动！"

拗不过小靖，父母只好带着她来咨询医生。医生告诉小靖父母，她小时候的病对身体没有很大影响，科学锻炼只会让孩子的身体更健康。

年幼的小靖终于为自己争取到了运动的权利。她小心翼翼地锻炼着、学习着，哪怕会被一些小朋友取笑"胆小"，也不让自己因为运动受伤、生病。

现在的小靖不仅保持锻炼的习惯，还对挑战身体极限产生了浓厚兴趣。

"我不认输，不是不向赢过我的对手认输，而是不向我的命运认输。"小靖说，"如果我认输了，也许现在还和小时候一样身体虚弱，处处需要特殊照顾。"

一位网友阅读《简·爱》后写下了这样的文字：不向命运低

头,才有机会抬头。

有时候,我们会陡然生出一个念头——老天跟我开了个玩笑。这个念头可能发生在我们距离成功只有一步之遥时,可能发生在我们觉得前途一片光明时,可能发生在我们整装待发将要上路时,忽然间一个声音告诉我们"此路不通"。

于是,我们为不够聪慧的大脑、不够健康的身体、不够富足的资产、不够充裕的时间及其他的某个条件沮丧、抱怨乃至谩骂,在某一瞬间决定放弃,又或永远地放弃。这样的情形太过常见,这样的选择也十分好理解,可是退一步也许能迎来海阔天空,放弃迈步却不会得到任何想要的东西。

相对于无垠且恒久的天地,人的一生皆如幼童跌跌撞撞,然而仍须爬起来、抬着头,选个方向付诸行动。

毕竟我们可以一时低头,但不能总是低头吧?

03

之前网上有人发起话题:你见过最拼的人是怎样的?

有人答求学时见过的考研人,从早到晚心无外物,一意读书仿佛入魔;有人答工作中见过的职场人,主业加兼职,工作加学习,仿佛精力无穷尽。其中一位答主提及的一个年轻人的事迹令人深思。

有一个20岁出头的年轻人,因为被医生诊断出40岁左右很大概率会失明，于是拼命工作，一天工作时长有时能达到15个小时。

这个年轻人在卖力工作时心里会想着什么呢？想要多攒点钱给以后的生活一个保障？想要趁着自己还能自如行动证明自己的人生价值？或者仅是单纯地不肯轻易向生活认输，做一个自我放纵的"混子"？

无论如何，他一定想过：我要做点什么。

听人提起过一个女孩子，自律且精力旺盛。几乎任何时候遇见她，不是在做和工作有关的事，就是在做和学习有关的事。

有人问她为什么要过得这样辛苦，女孩惊讶地反问："我怎么会辛苦？"

在她眼里，但凡有意义的工作都是能给她充能的，至于学习更不必说——她都选择去学了，自然颇为享受。

女孩的行为已令很多人感到不可思议，她的观念更使人诧异。对于人们的不解，女孩其实也摸不着头脑："我不是干什么活都觉得有意思啊，我说了得是有意义的才行。我一辈子就活几十年，不把能做的事情都做了，才真叫痛苦吧？"

"可是，事情本来就是做不完的。"朋友对她说，心里还是希望女孩学会放松地享受生活。

"我知道做不完，所以我在加紧做呀！"女孩却这样回答。

待我听说这个女孩的事迹时，她的个人工作室已经运作稳定，但她依旧整日快乐地忙碌着。

先贤庄子有句话：吾生也有涯，而知也无涯。以有涯随无涯，殆已。

一个人的生命是有限的，在这广阔的世界中，可以尝试体验、值得耗费心血的事情却是无限的。因此同样感慨于人生短暂如朝露，有的人每每想到兴许事业未竟身先死便感到痛苦，有的人干脆直接"摆烂"，可也有那么一部分人，会表示"我在加紧做"且满怀期待。

生命的终点是死亡，所以就什么都不做了吗？

人往往因为各种原因而觉察出时间的紧迫，但不管你想在"有限"之下悠哉度日还是充实生活，请起码做点什么吧——总不能还没努力，就向命运妥协吧。

乾坤未定，
你我都是黑马

直到盖棺论定前，

我都相信"一切皆有可能"。

～～～～

01

我好像时常和人提起一位开茶楼的朋友颖姐，因为每次与她共处满室茶香，总能让自我得到提升。

颖姐经营茶楼自然不是一帆风顺。

从客源、资金链到口碑建设，每一步她都付出了很多辛苦，好几次差点满盘皆输。

颖姐却很少提起那些艰苦岁月，只有一回她谈兴大发说起旧事，令人窥见曾经的风雨。

为了给茶楼增加更多营收项目，颖姐参考自己的调研结果，将茶楼常见的曲艺、棋牌室、商务会谈等功能一同推出，希望丰富的娱乐内容能够招徕足够多的顾客并培养一批忠实老客户。

但是，这给茶楼带来了极大的成本负担不说，还使得茶楼经营时长不得不为了迎合目标客户群体而延长。一开始为了节约成本，颖姐亲身上阵，每天几乎连轴转。

如果说这些尚属创业中理应承受的压力，某些不正风气却是令颖姐险些关门。

一方面，棋牌类活动一开便会聚集很多人，有些是亲友熟人消遣攒的局，有些则是单纯的棋牌爱好者和半生不熟的同好们凑局，人多事杂、赌性上头，便容易生出事端。

另一方面，总有些歪心眼的人故意将正常经营的茶楼曲解为不正当的场所，为了避免员工受到骚扰，颖姐也十分焦虑。

"那会儿真是焦头烂额，有好几次气得我要发疯，没人的时候静下来怀疑自己是自讨苦吃。"

颖姐手腕一抬，细流冲击着瓷盏，发出清越的声音："这些是不能跟父母说的，他们不能接受女儿在外面这样受委屈。和朋友说呢，有鼓励的，有劝退的，但大家各有各的生活，各有各的难处，没人能和我淋同一场雨，体会我的感受。所以也不必多说什么，说多了，反而相互消磨彼此的情分。"

提起艰难起步的岁月，颖姐总是轻描淡写，但听者能够从中觉察出那些沉甸甸的东西。

颖姐出身不算大富之家，纵然相对富足的成长条件使她有试错的勇气,可她也不会允许太过沉重的失败拖累她的家庭。何况,比起物质上的损失,精神的消磨更为可怖,倘若年轻的颖姐扛不住压力,大概世上便会少一个从容自信的人。

"可我还没输,还没到结局的时候。我一直这样告诫自己。"颖姐沉静地说。自然,她也是靠这句话、这个念头熬了过来。

宫崎骏说,永远不要放弃你真正想要的东西,等待虽难,但后悔更甚。

多数人的一生都不会是平顺圆满的故事,复杂的外界与纷乱的内心无数次发出"放弃"的声音,劝诱你"原地躺平尽情享乐",恫吓你"及时收手以防恶果",使你看见更多"坚持"所招致的苦难,而忽略"心之所向"正与你隔空对望。

正如颖姐与她的茶楼,在海浪般一波又一波袭来的压力中,或许她曾多次听见来自心底的警报,要她及时止损,仿佛梦想的崩盘已是势不可当。但显然,放弃或可一时逃避损伤,却将自己的梦推远了。

02

"坚持下去,或许生活就会送你一个惊喜盒子。"

小闫决心做一名知识博主,但是她并不想在网上露脸,于是决定整个人都不出镜,只靠知识内容来吸引观众。

这样,她就不得不多学些技术来弥补本人不能出镜讲解的弊端。一开始，她学做幻灯片，想要像老师录视频课那样输出知识。一段时间后反响平平，有人对她说，这样的形式太无趣了，就像上课一样，不容易吸引人。

小闫觉得说得有理，于是又试着学习更多视频剪辑技巧，好让自己的短视频更加生动。

期间，有朋友劝她：知识博主赛道太冷门了！你看有多少人专门设个文件夹，就是用来存一些自己觉得有用，其实存过后就放着吃灰的科普内容？美妆、美食这些才是多数人愿意关注的东西。

小闫一度动摇，她也知道知识博主并不容易做，但哪条赛道是真正容易的呢？思前想后，她还是认为这条路是适合她的。

无意中，她发现比起从网上收集各种图文素材，加以自己的观点整理、制作视频，自己旅途中拍摄的素材更吸引人。小闫看着涨了一大截的观看量，以及一些网友的评价，觉得自己找到了"通关密码"。她开始频繁地去往景区、古迹、展馆等收集素材，将自己所见所感写成稿子，以此为蓝本制作科普视频。

很多人都说，小闫亲自拍摄的素材，比起有些常被引用"盘包浆了"的素材，让人觉得更新颖，认为博主不是一个简单的"搬运工"。

但是，这并不意味着小闫已经可以依靠这一途径来养活自己。虽然高兴有越来越多的人认同自己，可小闫也知道要靠做知识博主来安身立命，她还有很长的路要走。而现实是再不多一些营收的路子，她很快就要陷入弹尽粮绝的窘境。

这时，小闫从一位关注她的网友那里得到了灵感。对方留言说，小闫的文本做得很好，即使只是听着视频的声音，也有身临其境之感。

小闫想：或许我可以把自己收集素材、研究资料时的见闻感悟写成稿子。她开始根据自己的旅行经历写游记、写散文，或结合一些特色文化习俗编写故事；有的平台有朗读功能，她还可以借此给稿件配音获得额外的收入。这些收入填补了她外出采风的支出。

这时，有相熟的人劝她干脆放弃做知识博主，专心写稿赚钱。小闫这次没有丝毫动摇和迟疑，因为她已然认识到，那些挑灯夜读、采风奔波的日子才是她拥有如今这一切的根源。

"在一次次梳理素材、打磨文本、制成视频的过程中，我与古人交流；我也通过网络上的反馈与公众交流，从中汲取智慧。所以才能将眼里看到的、耳中听到的，变成自己真正所有的。"小闫不会放弃那个不温不火的账号。因为她从前没有放弃，才有某一天柳暗花明，坎坷曲折中延伸出新的路径。

小闫虽没有如预期一般在知识博主的赛道上大展身手，但她的坚持使播下的种子仍然开出了绚烂的花朵。

这个世界确实会发生一些"无心插柳柳成荫"的事，但前提是我们须得"插柳"才能收获绿柳成荫。若是在沃土未经生命的验证前便放弃了播种，任什么易活的花木也不能在此释放生机。

《阿甘正传》里有一句很经典的台词：人生就像一盒巧克力，

你永远不知道下一颗会是什么味道。

有段时间很流行一种整蛊玩具叫"惊吓盒子",只要一打开就会突然弹出一个怪模怪样的小丑或者拳头之类的东西,也有人借助这一有趣的装置来给收礼物的人制造惊喜。所以,倘若我们收到这样一个盒子,在盒子被打开之前,谁也不知道里面弹出的是骷髅小丑还是鲜花彩带。可我们仍不能放弃拆开盒子,因为躺在盒子里的秘密不会主动钻出来。

拆开一个盒子,才能得到一个结果;不断地拆开盒子,或许期许之外的惊喜就在盒中。

03

在一次钓鱼大赛中,垂钓爱好者小金和小周结识。比赛中,两人的尾数赛、重量赛各有胜负,整体成绩相差不大,因此相约赛后继续比试。

寻了一个好天气,两人约定一决胜负。钓竿一甩,小周率先博得"开门红"。不知道是不是小金今日手气不好,小周的桶里逐渐有了不少收获,小金却一条也没钓上。

收获连连,小周十分得意;又往小金的桶里一瞧,更觉胜券在握。于是,小周干脆起身活动活动四肢,溜达一圈又坐下美滋滋地喝茶。

一旁的小金不为所动,继续沉着地等待鱼漂的浮沉变化。

天气渐热,比赛的局面忽而逆转。小金开始一条接一条地钓上鱼来，小周这边上钩的鱼却少了。待到最后，却是一开始毫无收获的小金夺得了胜利。

小周有点遗憾，也有点自恼："我觉得前期优势挺大，以为赢定了。要是中途没放松，说不定还真能赢。"

我们小时候大概都听过"龟兔赛跑"的故事，自认稳赢的兔子中途睡了一觉，结果把胜利让给了稳扎稳打的乌龟。小金、小周的钓鱼比赛，简直可称"龟兔"对决的复刻，"稳赢"的选手中途跑去睡觉、喝茶，不能说不是一种"半场开香槟"的自大行为。

之前聚会时，一位朋友向另一位朋友举杯，并言"今天这顿饭也算提前给你庆祝了"。另一位朋友做出十分惊恐的样子："可别这样说，上次我说给自己提前庆祝，结果就'翻车'了！"

原来，之前这位朋友代表自己的公司参加了一场专业领域的比赛，前期顺风顺水、一路高歌。她觉得这下"妥了"，于是晚上回到住处休息时，专门给自己点了杯饮料，还私下里发表了一些"先用饮料意思一下，等赢了再开瓶好酒"的言论。

万万没想到，后续项目中，另一公司的代表居然"支棱"起来，最后以微弱的优势反超了她，夺得冠军。

"我发誓我是自言自语，当时绝没别人听见！这居然也算立起个flag！"朋友哀戚地嚎起来，我们连声安慰她"非战之罪"。

要说"妥了"的想法有没有影响到这位朋友的发挥？大约有点。不过朋友其实并没有太过松懈乃至做出"失智"之举，在这样的情况下与胜利失之交臂，也只能说：结局未定，一切皆是未知。

"顺境不要飘，逆境不要慌"，这是一位经过工作摧残的打工人朋友的感悟。它直白地诠释了何谓"成功在久，不在速"。

平坦通途中，把脚跟落稳；坎坷崎路上，把步子迈开。不是所有的结果皆可预料，也不是谁都能预判输赢。所以打顺风仗时应为全力搏兔的狮虎，在逆风局中应作咬定青山的苍松，不于高峰上张扬自得，也不在低谷中颓唐委顿。

尤其在一个又一个迎接风浪、承受重压的日子里，更应当安然举步，跨过外在世界所构建的沟渠和心灵深处弥漫的雾霭。

终点未到，仍有反超的希望；乾坤未定，你我都是黑马。

山脚人太多，
我们山顶见

要先上山追寻梦想，
才会遇到志同道合的朋友。

～～～～

01

前一阵高中同学聚会，去了不少人，有一些同学我毕业之后就没见过，乍一看真是"面目全非"，不敢相认。

吃饭的时候，楠楠和雨婷是挨着坐的，她俩高中就是同桌，高一开始就是好闺密，这么多年，关系也一直很好。

其实，当年她俩也有过友谊危机，那时楠楠的学习成绩很好，一直是年级排名靠前的好学生。而雨婷的成绩一直都是倒数，但她整天乐呵呵的，也不在乎成绩好坏，每天除了画画就是看课外小说。

直到高二开始，学习强度越来越大，楠楠每天沉浸在学习里，她高中阶段的理想就是考个好大学，但雨婷却没有什么目标，两个人之间的想法不同频，也没有多余的时间相处，友情自然而然地变淡了。

没过多久，雨婷突然开始认真学习，还报了专业的画画课程，和楠楠每天讨论的也都是和学习有关的内容。雨婷的艺考成绩不错，她和楠楠考的是一个城市的大学，两个人的友谊也一直延续到现在。

后来我们才知道，当时楠楠曾找雨婷谈过，她们分享彼此的想法，一起憧憬未来，两个人说好先追寻梦想，再一起站在山顶看日出。两人犹如结伴而行的伙伴，一起度过无数个难忘的日夜，一起经历过青春的快乐与烦恼，一起面对工作中的困难和挫折，一起从山脚下彼此扶持，再一路走到山顶。

我曾经看到过一句话，"难做的事易做成，因为这条路上不拥挤"。在奔向某个目标时，无论遇到多大的困难，只要不言弃，就有取得成功的机会。

这几年，我时常旅游，登过很多山，比如华山、黄山、武功山等，最难忘的一次登山经历，是那次夜爬泰山。

夜晚的泰山显得格外寂静，我抬头望着月光下若隐若现的山顶，拖着吃力的步伐往上爬，不知道过了多久，终于爬上了日观峰，上面已经有了一些人，和我一样都是从山脚下一步一步走上来的，为的就是红日升空的那一刻震撼。

我听到旁边的游客说："累是真的累，但是登上山顶的那一刻，还有眼前的这片日出，什么都值得了。"

不想费时费力地爬山，就永远不会直观地看到山顶的美景，想要享受顶峰带来的感官体验，就要付出更多的体力。

任何事物都是如此，从未有意外出现。

山脚下的人太多，大家都挤在一起，好看的景色都要踮着脚尖才能看到，何不尽快上路，一步一步往上爬，山顶人更少，景色却更美。

说到底，顶级的摄影设备、动听的他人讲解，也不及自己直观所见带来的震撼大。而一起爬上山顶的人，才能理解你心中的所思所感。

02

前几年上班的时候，我经常光顾公司楼下的一个小超市。老板有个女儿叫小唐，我无意中发现她和我是一个大学毕业的，算是我的学姐。每次去买东西遇见，我都会和她多聊几句，虽然我俩其实都不是太能说的类型。

一直到我辞职之前，小唐都处在备考阶段。她打算考公务员，父母和亲戚其实并不支持她，因为她30多岁了，在长辈眼里已经是耗不起的年龄了，认为她应该赶紧相亲结婚。但小唐说她的两个朋友都很支持她，这两个朋友大学毕业就考上了公务员，只是那时小唐觉得帮父母看店轻松不累，又觉得自己不一定能考上，所以不愿意费时费力，只想躺平。

但毕业近10年，小唐感觉自己好像和社会脱节了，和好朋友的共同话题也渐渐变少。醒悟过来的她想努力一次，不试试的话，永远不知道自己能不能行。

　　幸运的是，她赶在35岁之前成功上岸了，我也是在朋友圈偶尔刷到她的消息。周末或者小假期，她会和好朋友一起去短途旅游，偶尔也会晒和同事一起吃饭唱歌的日常，能看出来，现在的她比以前更会享受生活了。

　　小唐说让她决心努力一次的契机，是她在网上看到的一个小故事：一群人决定爬到山顶看日落，但当日的天气预报显示晴转多云，于是在山脚时大部分人犹豫后决定不上去了，因为爬上去很可能也看不到日落。只有几个人决定继续爬山，当他们筋疲力尽爬到山顶时，果然是如天气预报所说的多云天气，落日余晖并没有如期而至。山脚下的人庆幸自己没有白费力气，山顶上的人感叹自己看到了云雾缭绕的美景。

　　小唐说她以前就是山脚的那群人，但现在她想做登顶的人。山顶到底有什么，她想亲自去看看。我很支持她，或许登顶时的天气不好，但天气时有阴晴，只要心里有光，心怀热爱，看到的便都是好风景。

　　《当幸福来敲门》中有这样一句台词："如果你有梦想的话，就要去捍卫它。如果你有理想的话，就要去努力实现。"小唐就是这样，当她有了目标后，她在努力地充实自己，去尽力实现这个目标。她不仅得到了好工作，也在寻求自我价值的时候重拾了友情。

登山的过程注定是艰难的,爬山的人需要耐得住寂寞。可能有些人无法理解你为何这么累,但也总有人在鼓励你亲自上去看看。

一阴一阳,因缺所需。想要得到一样,就必定失去另一样。想要成功,想要实现梦想,就必须付出努力,这就是平衡法则。

古人说"大千世界皆为虚幻,大山看山不是山,只有见相非相,看透本质,才能即见如来。"同一座山,你在山脚看,在山腰看,在山顶看,都是截然不同的景色。不想费力爬山,就永远无法体会山巅的巍峨之美;想要享受巅峰之美,就要付出更多的努力。

如果不亲自登顶,又怎么会知道那里的风景到底是什么样的?若有一天,你站在山脚下,什么都别想,"爬"就对了。

03

我在大理旅居的时候,有一天心血来潮报了个徒步鸟吊山的小团,也因此结识了两个新朋友。

这两个人是彼此最好的朋友,并且都格外喜欢徒步,笑称彼此"臭味相投"。据她俩说,她们徒步过很多地方,譬如雨崩,譬如虎跳峡,她们甚至一起徒步过乌孙古道。团里的其他人都看出来了,因为在整个徒步过程中,她俩的体力真是我等普通人比不了的。

后来我才知道,她们两个人在经营自媒体,是分享旅游攻略和日常生活的博主。在做自媒体前,两个人的工资都不高,用她们的话说就是"工资像个恶作剧,每次发下去都让人哈哈大笑"。因为热爱旅行,所以即便省吃俭用,也要到外面的世界多看看,但微薄的工资无法让她们走遍千山万水。

于是,两个人开始经营自媒体,为了吸引粉丝热度,她们每天都要策划新的拍摄内容,一举一动都受到粉丝的关注,承受的心理压力是前所未有的。但她们觉得值得,因为有了关注有了收入,才有了她们现在可以随时旅行的经济支撑。

其实,生活就像一场漫长的旅行,在未知的途中,只为遇见未知的自己。不去尝试,就永远不知道自己的无限潜能。

不必预设自己不行,沉溺于可能会失败的情绪里。其实渴望成功会兜住每个下沉的瞬间,督促我们继续向山顶前行。

我曾在某综艺里看到这样一句话:"宇宙承载那么多能量,它都不烦恼,小小的地球上的我们,更没有什么事,难倒我们。"有了目标,有了动力,如果也想改变,那就马上行动。那些没有完成的愿望,都在山顶等待着惊喜亮相;那些曾经的战友,都在山顶等着我们喊"1、2、3",一起拍照,一起庆祝成功。

站在山脚时,看着眼前高耸入云的山峰,我想任何人都会神经绷紧,但依然有人会暗自打气,直面恐惧,然后征服它,爬上去,不留遗憾。

通往成功的路途必然是辛苦的,这个过程的所有路都是上坡路。有的人选择石板路，有的人选择跳石路，路上还可能会有灌丛或河流，你问他们累吗？当然会累。但是他们依然会继续走，可能是为了功成名就，也可能是为了誉满天下，甚至是为了内心的那份满足感。总之，只有他们站到了山顶，也只有他们知道山顶和山脚到底有什么不同。

登上山顶的人大多喜欢孤独，也享受孤独，因为他们清楚，一旦有了依赖，可能就无法登顶。登上山顶的人也会喜欢陪伴，也享受陪伴，因为他们知道，山顶有人正等着他们，"高手碰面，相约顶峰"。

第三章

前方的风景更好，
我的意思是别回头

人生只有一个方向，那就是前方

勿要顾虑前途不明、道路曲折，
毕竟除了向前走，
我们没有别的方向可选。

01

小黛是个性子沉静的人，长得也有点古典美人的韵味，大家都说看到她，脑子里对"书卷气"就有了具象化。她也确实喜读书、好音乐，平日举止打扮都是个典型的文艺青年。但小黛最喜欢的还是射箭。从第一次握紧弓身、盯住靶子起，她就着迷于这项运动。

"在射箭的时候，你一直盯着前方，眼里、心里只有让箭矢穿过空气，击中靶子，到你的目的地去。这时候，你的人和箭合二为一，箭飞射出去，你也就破开了无形的阻碍。"描述起射箭的感觉，小黛的神情堪称虔诚。

这份对箭术的感悟也融进了小黛的思与行中。

有一次，她赴某地办事，借住在朋友家，在外面忙完要回朋友家时天降急雨。

  一座城市往往有自己独有的"习性",对于久居此地的人来说,因为已成习惯而忽略的生活细节,对于外来者而言可能会成为忽然出现的"意想不到"。因此,朋友虽然叮嘱了小黛"雨天不好打车",可小黛对这"不好"还是疏于准备。

  她在房檐下等待网约车,然而100秒、200秒、500秒过去了,在她之前仍有七十多位同样焦急的打车人等不到司机接单。手机用久了,电池便不耐用了。小黛左右张望,见路上拥堵着一动不动的车流,楼前挤着寸步难行的躲雨人,她果断切换了手机省电模式,撑着伞便走进了雨中。

  没走几步,小黛已经湿透了,她沿着这两天刚走熟的道路前进。有些地方积水难下,水已然没过她的小腿。

  待到最后一处大路口时,群车聚集,浊浪翻涌。小黛的朋友打来电话,问她是否打到了车。小黛告诉她自己的情况,说已经快要到家了,不用担心。朋友还是不放心,担忧她看不清深水处的情况,遭了残砖或井盖的陷阱,令她在附近公交站牌下躲雨,等她来接。

  湿漉漉的两人回到屋中,朋友见小黛冷得嘴唇发青,心疼极了,问她怎么一路淋雨蹚水回来。

  "你看,车也都趴在路上呢。等车不知道要多久,上了车也不知道要多久。我这几天每天都从这条路上走,已经熟悉了。向前走,总会到的。"小黛说。

"向前走，总会到的"，在小黛看来，"行动"是一件自然而然、天经地义的事，无论身处怎样的境况，都应向着目标进发。或许醉心箭术的人便是如此，她的身体如拉开的弓，她的意识是离弦的箭，她定要到一个地方去，为之毫不犹豫地行动，决不肯迟疑、驻足、后退。

此时此地的我们，恰如一个原点；我们行动起来，便有了名为"人生"的线。

正所谓"少年应有鸿鹄志，当骑骏马踏平川"。或许待我们不再青春年少、意气风发之时，漫漫前路仍然迷茫未卜，就如一场天幕倒垂般的骤雨遮掩了我们的眼睛，又在脚下聚起携泥带沙的暗流。但寄意于更遥远的地方，将视野投向面前的广阔世界，就会发现，纵然道路百转千折，但向着目标行动起来就是我们的前路。

我们可以走上不同的岔路，但终归只有一个方向——前方。

02

说起"向前走"，有时候我们可能会迷茫，究竟怎样才算是"前方"。

我在用来消磨时光的某款经营类游戏里，结识了一个年岁不大的"好友"。对方自称19岁，给我的感觉也确实比较年轻。因为有次谈起现在网上喜欢管厉害的小朋友叫"小孩姐""小孩哥"，所以便开玩笑地叫她"中孩姐",还说等她过了20岁就给她升级为"大孩姐"。

"中孩姐"起码在游戏方面是当得起一声"姐"的。

无论何时上线,总能看到她在线;无论推出什么活动,她总能快速出攻略、教程。

在时不时地闲聊中,我大致了解到"中孩姐"似乎有十分迫切的赚钱的念头,一面打算借助游戏里的素材经营个账号,以后或许能做游戏博主;一面有跟自己的一位哥哥做游戏代练的想法。

对游戏代练这份职业,根据道听途说的一点消息,大概是不太好干的,具体怎样却不甚了解。是以,我只能劝她慎重,祝她成功。

"中孩姐"看过我的消息,对我说:我尽量吧,但我没有很多时间可以浪费,也没有太多资本来试错。

赚钱是"中孩姐"的当务之急。在交流中她时常给我这样的感觉。但令我稍感安心的是,"中孩姐"还是能够权衡利弊、保持理智的。并非我盲信于这给我提供了许多帮助的"姐",而是她的一段话使我确信,她虽年少,心中却自有成算:

"很早以前就知道我的人生不会太顺利,但是没关系,需要的东西我会自己想办法。我现在要么获得一份能称之为'事业'的工作,要么获得一笔钱去发展我的事业。要是没有获得这些东西,我也会向前走。"

步履不停,才会明白行动的力量,就在每一次尝试中,在每一次坚持中。

据我的有限观察,"少年"这一群体通常具有"向前"的锐气,有着"哪怕一无所有也要勇闯天涯"的干劲和"梦想终将实现"的自信。

但"中孩姐"的"向前"却少了少年式的浪漫——她清晰地知道自己的努力可能换不回相应的果实,并在此基础上仍决心不停下步伐。

在一个寻常的日子,面对熟悉的游戏,我竟为屏幕另一端的年轻人有此人生感悟而心生触动。

后来,我对这款游戏的热情消减了,但因为惦记着我的"中孩姐",所以有时还会上线看一看。"中孩姐"陆续告诉我:代练的事情已经尝试过了,不符合预期,但给自己提供了一笔启动资金;游戏博主的账号已经建起来了,正在一边养号一边摸索适合自己的路子。

"虽然现在还没多少人,但挺有成就感。每次多几个人观看,或者有人留言支持,就能清楚地感觉到,自己没有停在原地。"最后一次聊天时,"中孩姐"的字里行间显得很是振奋。

由于她需要清理内存体验更多游戏,给我留了消息便删了这款游戏。我看到后也当即退出登录,长按图标点下"删除",带着些欣慰与怅然,与"中孩姐"相忘于江湖。

像"中孩姐"这样一门心思向前走的人,大概只要她迈步,就是前方。

老话常说,种一棵树,最好的时间是十年前,其次是现在。

筹备一件事情,奔向预期的目标,"现在"即是正当时。"中孩姐"十年前境况如何虽少有人知晓,但她现下已然走向自己的未来,我就是见证者。我知她行路启程应不晚,也料她必把握了人生唯一的通途,只要向前走就是了。

在某篇文章中读到,生活虽然沉闷,但跑起来就会有风。

扶摇直上青云,破浪而渡汪洋,很多人心怀壮志等待东风,可风不是平白产生的。稍关注过自然知识便可知晓,风是一种空气流动的现象,等风的人要么等待他物掀起风来,要么自己搅动气流。而在人类的社群中,要乘势而上的人,若不能借势,便要自己造势。

倚靠他人外物,终不可控,我们无论要从哪种意义上"借东风",都会回归一个主题:行动。

行动起来,造自己的风,乘风向前。

03

"可以慢,但不能停;可以回头,但不能退后。"一位老朋友忽然发来这样的文字。

我问她:是上班路上对公交有感,还是人生路上对世情有感?

然后她给我讲了一件事。

朋友公司的友商的业务接洽人——大致是这样一个角色，突然提了离职。

接洽人离职的官方原因是"因个人缘故，不能继续任职"。朋友跟对方交接时顺便聊了几句，得到的理由是：我在这个岗位干了快十年了，要么升职要么离职，不然还能怎么办呢？

朋友觉得确实是这个理，于是一番安抚加祝愿的闲唠，竟意外打开了对方的话匣子，大概前接洽人也确实憋了很多话在心里。

前接洽人说，头几年领导不给自己升职，她只当是因为自己年轻资历浅、贡献不够；可好几年过去了，自己有功无过，觉得该提提升职的事了，才发现领导居然把她当作好拿捏的人了。

"从前说我年轻，要再稳一稳。现在呢？说我是个稳得住的，要顾全大局，别辜负了老板的期待！"转述而来的话语仍然带着滚烫的怒火，后面朋友向我学舌的一段话更是让我这个不相干的人都燃起了愤怒的小火苗——"你现在不愁吃不愁喝，钱够用就好了，稳稳当当的不比什么都强"。

果真一样米养百种人！这番话简直可以在奇葩领导的排行榜中拔得头筹。面对这样的领导，前接洽人果断离开，另外择路前行是对的，人没必要在一棵树上吊死。

朋友对前接洽人的领导那番言辞感到不可思议，说："什么叫'稳稳当当的'，人不就是要向上爬、向前走的吗？我觉得我就是七老八十快进棺材了,也得是干着我想干的事,用完了生命最后的一点时间,而不是原地坐着等死!"

我深以为然。

不记得从前听谁读过一则小故事,大致是有一株牵牛花不断向上攀缘。一路上从蘑菇到栏杆再到大树,大家都劝它不必如此辛苦,还有花草说:"你爬得高高的,太阳一晒就蔫了,不如不要往上爬,躲在阴凉处。"但是牵牛花仍然要爬。它说:"我有能力攀上栏杆、大树和高墙,就是要在高处迎接太阳。"

爬藤的牵牛花,花朵大而薄,太阳一晒很快便失去了水分,所以我的印象中它们盛开的花确实都伴着乍亮微寒的晨光和亮晶晶的露珠。但它也是一种有着趋光性的植物,看似柔细的茎其实坚韧有力,只要周围有一点可供攀爬的事物,它必要抢占高地。

牵牛花不觉一路攀爬辛苦,也不为刚感受太阳的热烈便萎去而可惜。它们穿过阻碍,将自己高高举起。

做人有时和做花差不多。我们心里总有一样——伟大点叫"理想",寻常点叫"念头"的东西。我们想着念着,然后走去,离开本足以供我们舒适度日的地方,此为"向前"。

从前见朋友圈有人发过这样一句文案:花自向阳开,人自向前走。

听闻朋友讲述前接洽人之事,便回想起这句话来。心怀善意的师长，总是会教诲我们"东边不亮西边亮"，诉说通往成功的路径并非唯一，向前走的路也不是只有一条。

《主持人大赛》中有人说过：人生的意义永远在于拓展，而不在于固守。

在不算漫长的一生中，你我本就会化身为路，延伸、再延伸，路铺设展开，而你我拥抱未来。

让过去过去，
让开始开始

当断的，应断；
当离的，应离；
当萌发的，我们为它捧出太阳。

~~~~~~~~

01

"都过去了"，这样的话在书里很常见，但在现实生活中，我只听两个人讲过。

一个是有过几面之缘的陌生人。

当时我正专心致志地散步，忽听一声大喝："反正都过去了，还能怎么样！"

我吓了一跳，循声望去，看到了一张半生不熟的面孔，正扭曲着眉毛、鼻子和嘴巴打电话。我对人的五官面貌是不太敏感的，故而姑且联系她的姿态和语气，推测那脸上是三分不屑、三分抵触、三分愤怒和一分别的什么神情吧。

那人觉察我的动静，向我瞪来——也或许是我太主观了，对方也可能只是无意地瞥了我一眼。我忙讪讪转向，去别处游荡，但那人的声音依旧清晰无比，可能她并不觉得自己的话语里有什么需要避讳的内容。

听起来，她大致是办砸了什么事，更具体的细节未知，因为长达数分钟的吼叫式通话里主要是"还能怎样，能把我怎样""总提它干什么""谁没事找事来跟我翻旧账啊"之类的话。

另一个是常来往的客户。有次隔了很长一段时间才联系，发现她度过了一段十分昏暗的时间。

一开始，是她出差外地时，孩子感冒在家休息却没人看护，自己想泡碗方便面充饥结果没拎稳水壶，被开水烫了一大块。孩子年岁不大又发着烧，头脑昏沉，一时不知如何处理，哭着出了家门，被邻居发现才送去了医院。

她听闻此事便十分心急，可手上这单生意合作的是个不熟悉脾性的新客户，对方一时百般试探，一时端着姿态，磨着她多让几分利，使她一时脱不开身。等她焦头烂额地回到家，孩子感冒已经好了，烫伤的地方却留了疤。

孩子肘上、腿上带着疤，还十分懂事地安慰妈妈。客户心里更不是滋味，想要多抽出时间来陪陪孩子。结果领导话里话外是"果然有了孩子就只顾小家，早该退居二线"，同事们也背后议论她"当妈的心太狠，不称职，都不顾小孩"。

说起这些事，客户面上平淡，嗓子却哑了，一团郁气堵在她心头。我正欲劝慰几句，她却自己振作起来，笑着说："不提了，都过去了。"随后给我看了她和孩子出去游玩的照片。

照片里她们站在帐篷前，对着镜头摆出奇异的姿势。皮肤上的烫伤依然可见，但孩子的笑容却更加夺目。

见我注视着照片上的孩子，客户大概猜出我的心理活动，于是又高兴地补充道："医生说恢复得不错，不会留下什么大问题，我家孩子也说'已经过去了'。"

在这两段经历中，前一个"都过去了"，只要想起来便觉得耳边充斥着"还想怎样，还能怎样"的声音；后一个"都过去了"，却仿佛和煦的阳光洒下来，柔声低语"一切都已好起来"。

喜欢翻阅别人分享的文字，每一行字句的阅览都如同与分享者交流。一位细腻的网友便曾跨越千山万水对我"说"——"算了吧"，那一刻，是顺其自然的开始。

一生中不知道要听多少句、讲多少句"算了吧"，明明蕴含着沉重的能量，话说出口却总显得轻飘飘的。

偶尔有人注意到这看似洒脱不羁的三个字，也对它们生不出多少欢喜。因为"算了吧"是摆烂，是失败，是宣告终结。可是，它们组合起来，也可以昭示着"转机"。

"算了吧"，多生于别无选择的境地，说此话的我们如蚍蜉放弃撼动大树。可一件事过去了，便该是另一件事的开始，就如一季的花开败，就要迎来下一季盛放。

对该放下的说"算了吧"，对该到来的说"你来啦"。

02

我曾经遇上过一位十分典型的"老领导"，他喜欢将自己的人生经验分享给年轻人，并附加众多哲理供后辈研习。

那个时候我十分年轻，总觉得自己足够清醒，且满心都是不想妥协。

所以那位领导很多的道理，当时被我们认为是糟粕的，我都已经忘记了。现在想想其中有一部分内容未能仔细聆听，实在是一件可惜的事情。比方说，很多长者都非常喜欢重复讲述的一个话题：苦难。

当时那位领导教导我们要"会吃苦，爱吃苦"的时候，不可避免地讲了自己少年时的经历。

领导年岁很小的时候就跟着同乡出去打工。用板材随便搭一间棚子就是住处，十几、二十几号人都挤在里头。热水是限时限量的，吃的食物除了能让人不至于饿着肚子干活以外，也没有什么可称道的。

而他们这些年纪小的，则须格外学着"会来事""上态度"。对着"老油条"工友们要嘴甜，在大大小小的领导面前要主动干活跑腿——"不然人家都不用刻意使绊子，有的是法子叫你零零碎碎地难受"。

讲到这里,领导极力渲染了一番他年轻时务工生涯所遭受的苦痛折磨,然后带着缅怀与感慨地长叹了一口气,说他觉得那是他生命当中十分重要的一段经历,正是因为接受过苦难的打磨,他才能够拥有今天。

当时我们都耐着性子听他回忆艰难岁月,然后语重心长地输出一番"大道理",任凭他的说教进入耳朵然后在脑子里游走一圈从另一边耳朵出去。

现在回想起来,一个人大半辈子的阅历总不至于真的毫无价值。

命运如果化成人,大概是个喜欢恶作剧的,毕竟我们的一生中时常遇见"命运的玩笑"。有些玩笑,我们事后也能粲然一笑,甚至当时都能觉出滑稽;可有的"命运玩笑",即使我们走过半生风雨,走出原本的狭隘天地,再回顾时仍觉隐痛,就像某些风湿病人,永远要在阴雨天温习自己的苦难。

于是我们只好学着坚强,学着释然,就如经常能看到的那类"治愈文案":不是与痛苦和解,而是与自己和解。

能从苦难中榨取养分,是一种了不起的能力。能真正渡难关、破心障者,更堪为自己生命中的"伟人"。

东坡诗云:"休对故人思故国,且将新火试新茶。"

其实不止老人爱忆旧,每个阶段的人都可能有一段时不时翻出来擦拭摩挲的记忆。过去的人和事已经停留在过去，可有些记忆却穿越时空的阻隔，牢牢抓住现今的你我。

对于过去所蒙受的痛苦，有的人说"淡忘"，有的人说"释怀"，可究竟如何了，只有自己知晓。总之，放不下的人都将被过去所纠缠，无论现下还是未来。

所以，看开一段故事，且烹一盏新茶，愿每个沉溺在过去的人，都能从过往中走出来——走出一个新的自己。

03

某日见某户人家外墙上张贴着讣告，带着对亡者的敬意驻足细读，原来是女儿为亡父所作。

讣告中言，根据亡者遗愿不设灵堂、不办告别仪式，遗体已然火化，后事皆已妥当。通篇干脆利落，使白纸上暗沉的黑边框也潇洒起来。

虽与这对父女素不相识，但想来定都是洒脱通透之人，以至于"死亡"之沉重，"死别"之悲恸，竟也能显出几许轻灵的温柔。

朋友至亲至爱的长辈去世了，得知消息时我心里十分难受，既为那位和蔼的老人，也为被老人一手带大的我的朋友。

与老人告别时，吊唁者环绕停灵处走了一圈，依次向静静躺着的长者致意。朋友及她的家人沉默地立在棺旁，待火葬场的工作人员要将棺材推去火化间，人群中兀地爆发出一阵痛哭，吊唁者的神色也都更加凝重肃穆。

我站在人群中望向朋友，她向着棺材无意识地走了两步，目光追随安静的、熟悉的面容远去。等到我能上前观察她的神色，已是大家进入一旁休息室时。众宾朋各自在熟悉的亡者家属旁安抚劝慰，只朋友是个年轻小辈，同学、同事等人际关系多在外地。

我靠在她身边，搜肠刮肚寻找适合的词语。她的眼睛原本十分干涩，此时才忽然湿润起来。不等我说些什么，她迅速眨动眼皮，拭去些微泪意，转头低声对我说："昨晚你休息得好吗？一下飞机就跟着折腾了半天，今天又起个大早。"

我斟酌着说："还好，我还怕赶不上呢。老人家看着挺安详的，没遭什么罪。"

朋友点点头，无声地舒气："是啊，下午三点多给喂了饭——吃得不多，她最近吃不多；五六点钟睡下了，我想着她还睡得挺舒服；晚上大概十点钟的时候，我想着早点睡觉，睡着睡着忽然听不到打呼噜声了，立刻醒来凑到她旁边听……"她停下话头，四处看看被宾朋簇拥着的家人们，见大家情绪稳定，并无他事，转回来继续道，"挺好，挺好的。"

然后，她反过来拍拍我，安慰似的说："别担心了，老太太和我们都挺好的。"

从停灵的告别厅转到一旁休息室，总共经历了短暂的几分钟，而朋友已经整理好情绪，反而还有余力安抚别人。平时爱钻牛角尖的她显现出十足的豁达。

葬礼过去，知情者们的生活逐渐归于宁静，某天朋友发了这样一条消息：

"过去"了就是过去，"开始"的总在开始。

我注意到她那一堆叠戴的镯子和手链不知何时都已换下，手腕上只有一枚上了年头的素圈银镯，是老人家留给她的。

究竟是什么已经"过去"？是老迈的生命，是离别的悲伤。那是什么"总在开始"？是仍然存留、不断产生的爱意，和阳光下的、期许中的未来。

所以，有些事情不可挽回，也不必强行挽回；还有些事情应该开始，必使如常进行。

日落月降不可变更，但让生活继续向前，我们还将迎来新一天的日月。

之前听一位路人的随身BGM（背景音乐），响着"过去都已过去，未来还没头绪，生活总归要继续"的唱词。

"生活总在继续"，这样的句子平凡常见，似已无人愿意再细细咀嚼品味。然而生命有时循环往复，有时又与他人雷同，至少在某个瞬间我们会升起一个念头——生活总在继续。

古人有言：去日不可追，来日犹可期。

人世的时间长河滚滚向前，人生的历程波涛亦不回流。我们活在昨天，活在今天，也将活在明天，在一次次与自己告别中，接受世界的欢迎掌声。

一无所知的世界，
走下去才有惊喜

前方的路，我们一无所知，
可能是"惊"，
也有可能是"喜"。

～～～～

01

少年时出门的记忆不多，不过有一日整理老照片时，忽然想起自己曾跟着一个长辈开启过一场"冒险之旅"。

这个长辈，我叫她兰姨，是我家几十年的老邻居，自己一个人生活了很多年，时常去各种不知名的地方旅游，她说那才是真真正正地体会风土人情。

兰姨很会讲故事，小区里的小朋友都很喜欢她。但小区里有的成年人却觉得她是个怪人，大概是因为她一直"不着家"，经常去一些"偏僻"的小地方——重点是不和她们一起打麻将。但小时候的我觉得她很酷，所以有一天她问我要不要一起出门，我平生第一次撒泼打滚地求了家人，最后是恰好休假的大姨跟着我们同去。

兰姨带我去了一个小乡村,村子后面有一片雨林,她教我怎么搭帐篷,怎么搭天幕,就这么开始了我人生中第一次露营,这一切就像清晨的露珠,新鲜、有趣。

至于吃的,我们俩跟着当地村民捡了几样未知的东西,一路上兰姨都在和村民说话,兰姨说普通话,对方说的是方言,我心想兰姨果然厉害,方言也能听懂。

回到驻扎的营地后,兰姨把那几样东西煮了,味道闻起来奇奇怪怪,兰姨不许我吃。

我眼巴巴地瞧着,问:"好吃吗?刚才村里人是告诉我们怎么做吗?"我至今都记得她的回答,她说:"可能吧,她也没听懂。"

整个假日,我担惊受怕,唯恐兰姨带着我们一起食物中毒。但是在山里我看到了很多城市里、书籍里都不曾见过的东西——兰姨说,这就是她来此的目的。

每一次旅途,每一段路,都有可能出现不期而遇的浪漫和意料之外的惊喜。当然了,还有可能吃到疑似有"毒"的食物。

后来我大致了解到,兰姨是做民俗研究方面的工作。她从来不畏惧未知,无论是穿戴涂抹在身上的,用在日常生活中的,还是要吃下肚的。

"不畏惧未知,才有了我们生活的世界的已知。"兰姨这样告诉我。

有些时刻，我们如同生存在一个未知的世界里，就像漫步在海边时吹来的海风，随着海浪起起伏伏，穿越流转的时光，拨开眼前的迷雾。

这条路是陌生的，是冒险的，是未卜的，充满了谜团，就像是一个美人等待我们揭开神秘面纱，也像是一个拳击手等待一场惊险刺激的比赛。

"未知"这个词听起来就很神秘，仿佛是暗夜中的星辰大海，熠熠生辉但又很遥远，让人心生向往却触不可及。而正是这份"未知"，使人保持好奇，支撑人走下去，才会有更多的惊喜。

当踏上未知的这条路时，需要放下过去，带上想象，然后感受路上的惊喜。

当然，你可能会害怕，会迷茫，会焦虑，但正因为这条路是未知的，才应该鼓起勇气，继续前行，去迎接每一个冒险，也收获每一份惊喜。

因为未知，我们才会更加谦逊，更加自信，更加勇敢；因为未知，我们也会退缩，也会迷失，也会受伤；但这都是生命这场盛宴的佳肴，酸甜苦辣，各有风味。

02

一直以来，我都是人群里不爱说话的人，我以为这算是"社恐"了。没想到，真正的社恐是"出门都走下水道的"。

我曾现场观看了一个小型乐队演出，是公司的同事邀请的，她请了全公司跟她关系好的人去看这场乐队演出，因为主唱是她的表妹，叫小也。

现场基本是小也的家人以及家人的同事朋友，因为去得比较早，同事带着我们站到了前排，还给我们每个人发了小也的手幅。当灯光打在舞台上时，我看到了一个戴着眼镜、穿着衬衫长裤的女孩。当她弹着电吉他开口唱歌时，我第一次感受到了乐队表演的震撼，就像是灿烂的烟火，每个音符每句歌词都让人热血沸腾。我心想，原来"也"也是"野"，这就是外表文静、爱好摇滚的女孩。

第二天，同事对我们讲了小也的故事，前一天那个让我尖叫呐喊，在台上唱着摇滚的女孩，是个重度社恐人士。

小也原来是个不知名的网络小说作家，据她所说，选择这个工作，就是为了不出门社交。她最长的一次记录是49天没有出过家门，大家调侃她是太上老君"七七四十九天"炼成的仙丹。

小也虽然社恐，但她确实是喜欢乐队，喜欢摇滚，偶尔和别人的交流也是万青、草东这些乐队的歌。而且和外貌不符的是，她有着特别的烟嗓，据说从小唱歌就好听。

家里人担心她的状态，于是鼓励她走出来，"举全家之力"帮她组建了一个乐队，于是她开始面对全然陌生的队友，陌生的舞台，陌生的观众。

我突然想起来，那天开场时，她在开口唱歌前的深呼吸和闭眼，原来是在给自己加油打气，鼓励自己面对未知的世界，她不知道这一次舞台会给她的人生带来什么，但她还是坚定地站在了那束光下。

当鼓起勇气面对未知的世界时，就会发现，这个世界一步一景，需要一路走一路探索，所遇到的人，无论是好是坏；所经历的事，无论成功失败，都不过是春和景明中的小小一束光而已，每一段都是惊喜，每一刻都值得回忆。

站在路口眺望时，有时前方的路会被迷雾罩住，仿佛在荒野中找不到方向。虽然未知的世界是模糊的，但也是这份迷茫让它充满了无限可能。只要保持那份好奇和向往，踏上这段旅程，就会发现隐藏在未知下的宝藏。

去未知的世界里寻觅，这个决定可能是艰难痛苦的，但只要走出来，就有机会看到无数风土人情汇聚的画卷，就有机会面对更加多面的自己。

因为"春日可爱，生活浪漫"，总要勇敢踏出一步，感受这个世界带来的欣喜惊奇吧！

03

前两年，我跟随几个朋友自驾游，一路上遇到了很多车友，他们每个人都有很多故事，有还在等的人，有未完成的事，也有暂别过去打算开启新生活的勇士。

车友里有个40多岁的大姐，我们叫她胡姐。她一个人开着房车自驾游，她说这是她第一次出来旅行。正好我们有段路是相同的，就一起结伴而行。

有一次，我们将车停靠在一个房车营地，当天晚上在营地和其他车友一起吃烧烤聊天，每个人都或多或少讲了一些自己的故事。胡姐说她刚刚离婚，孩子在上大学，所以就想出来自己旅行。她说自驾游是她年轻时候就有的梦想，但是身边人都不支持她，或许是这一声声的反对意见，导致她也觉得自己不行。

她说："活到40多岁，终于能自己做决定了，而且现在出来看一看外面的世界，一点都不晚。"

她说，她在旅行时还看到过70多岁的人骑着小摩托，驮着大小包裹，自己出来旅游。可见，无论什么阶段什么年龄，只要鼓起勇气走出舒适圈，踏进未知的旅途，都能获得属于自己的那份惊喜和满足。

虽然胡姐提前做了很多房车出行的功课，但她的第一次自驾游处处都是"惊喜"，排风扇坏了、溶解剂效果不好、空调不制冷、房车找不到停靠车位，但凡是房车会遇到的突发状况，胡姐几乎都遇到了。

但她每天依然很快乐，因为她这次鼓起勇气踏进的未知世界，对于她来说就像是一场美妙的梦境，即使遇到了各种各样的窘况，她也是欢欣惊喜的。她说她不知道以后会面临多少旅途困境，但她会享受当下，也会期待未来。

探索未知的世界，会让人更加珍惜现在。因为未来是无法预知的，只有珍惜此时此刻，感激每一段经历，才会更有勇气面对未来。

这个世界本来就是未知的，下一秒会发生什么，谁都不知道。所以，勇敢踏出那一步其实并不难，只有走下去，才会有惊喜。无论过去发生了什么，是失业还是失恋，只有不断地丰富自己的精神世界，过去终将会过去，而未来也才刚刚开始。

未知的世界，只有活下去，只有走下去，才会知道究竟会发生什么。说不定下一秒就中了彩票大奖，从此人生无忧；说不定下一个转角就是从没见过的美景，令人沉醉；也说不定下一段路会碰到志同道合的朋友或恋人，从此不再孤单。

"一无所知的世界，走下去才有惊喜"，这句话就像是皎洁圆润的月亮，将那特有的光辉照亮在探索未知的路上。而人生就像这条路，都说它短暂，但我却觉得它漫长，所以出发的时间不怕晚，只要出发，总有属于自己的小惊喜。

有喜有悲才是人生，有苦有甜才是生活，有惊有喜才是未知的世界。

当你快扛不住的时候，
困难也快扛不住了

如何挨过苦痛的岁月？

无非是坚持一秒，再坚持一秒。

～～～～

01

某个冬天，小果失业了。

得知消息，有位朋友对她说，年后找工作之难如挤上北京早高峰的6号线；另一位朋友则反驳说，年前找工作好比出门发现地铁没通车。

果真是个寒冬！

小果在群聊里大声悲呼。

自然，朋友们都肯给予一些经济上的资助，但那时的小果很是要面子，而且和她年纪相仿的朋友们也都基本处于"职场菜鸟"时期，收入都不算高，实在不好意思让她们雪上加霜。

其实，要把自己饿死是不太容易的，且莫说小果手里还有点存款,就是没有,也能去干点体力活挣点糊口钱。但那些工作都不在小果的职业规划中。

对于一个身体状态不佳,精神恍惚疲惫,同时还心气颇高的人来说,容易应对或有价值感,这两点必得满足一样才行。而这样的活计当然不会来到小果眼前自荐。

于是,在那个寒冬,她每天早早下楼,挤在人群所散发的热气中,手上挂着物未必美但价必然廉的食品和日用品,睫毛上则挂着霜花。一离开人群,冬的威严就回归了,几百米的道路越走越累,越走越冷。等到站在小区楼下,在巴掌大的口袋里掏钥匙,她每每疑心自己在门口掏了半个世纪。

不知从什么时候起,"找到一份长期工作"的念头被冻裂了,重新凝结的是"要不就这样吧"的思想。

不用工作,不用社交,想干什么就可以干什么,这是多少人梦寐以求的生活!小果快乐——现在想来也可能并不快乐地享受了一阵子。然后感到自己既不自由也不充实,整个人都仿佛被抽空了。

在为了一款自己并不怎么感兴趣的游戏熬了个通宵后,小果警惕起来,意识到不能再这样下去了。

她想,我应该学点什么,干点什么,无论是锤炼黑暗料理技能还是攒出一笔新年活动经费,总之不能闲着。

为了让自己振作起来,小果本能地树了个敌人——摆烂的自己。

小果给自己找了份兼职。

一开始,她全身心地抗拒这份工作,苦大仇深地面对每天下发的任务——因为不能随时躺倒睡觉,不能花一个多小时的时间去洗菜、切菜,不能随时随地刷手机或熬夜打游戏,看小说更不能了。

怠惰的她在大声抗议,好几次都想要回归此前的生活节奏。

最后,说她有点责任心也好,说她死要面子也好,总之每天的兼职工作任务她都能保质保量交上去,干不完的就加班干,硬撑着不对网线另一端的临时领导说"不干了,干不来",终于强行让自己从一软体动物重归两脚直立猿的行列。

小果说,现在回想起来,那时想要"支棱起来的自己"和"意图摆烂的自己"其实正不断展开拉锯战,而终归是后者先扛不住了。

"再试一次,再坚持一下",所有的奋力挣扎都出自于此。

在某处见过有人化用史学家范晔《虞诩传》的一句话,曰"事不避难,知难不难"。

当困难跳出来大摇大摆说"你好",我们往往已经失去了退路。所以不得不承认,生命中的苦难因子总是剔除不净,大概没有人能够无坎无波、一生顺遂。但勇敢的人能以此争得特权,那便是将自身的困难看得渺小,而不再以其为不可跨越的高峰。

在苦难降临时，我们逃不开，也不该逃。要毫不避让地迎上去，驱赶着让苦难奔逃。

02

我从小喜欢听故事，为了有头有尾地听明白，社恐的我甚至可以和不熟悉的人搭话。有一次，我听到了一个樵夫在深山老林里遇狼的故事。

至于为什么樵夫独自一人还进入深山？那人似乎给了一个"春季官府禁止砍柴渔猎"的理由。故事的作者应当很重视因果逻辑的严谨，于是没有如常见故事一般将背景因由带过，这也使我若干年后还能回忆起来。

总之贫苦的樵夫为了生计，偷偷摸摸自己进了山，然后被饿了一冬天的独狼盯上了。那狼瘦得皮包骨头，就要偷袭樵夫。不巧，樵夫不慎从一处小坡上滑了下去，避开了攻击。小坡不高，狼一跃下便可扑中樵夫，可樵夫手里紧握的斧子却不曾丢，使狼颇为忌惮。樵夫也吓坏了，想要逃走，可他摔在坡下，只怕爬起来的工夫就会被狼逮到空子，只好坐在原地端着斧子与狼对峙。

狼是狡诈的猎手，做出势在必得的架势蹲守在一旁，给了樵夫极大的心理压力。而樵夫本来觉得命不久矣，毕竟野兽的耐性远远强于人。可仔细观察发现，这狼显然很久没有进食，樵夫大胆推测它也是强弩之末，于是咬牙坚持。最后，竟是苦熬一冬的饿狼先撑不住了，萌生退意。樵夫看出破绽，装作精神十足的样子，假意要用斧子攻击饿狼。饿狼觉得自己可能很难得手,遂退去。

这个故事乍一看,很像蒲松龄笔下屠夫与狼的故事,但这个故事更强调"坚持"。

人狼狭路相逢,为活命而苦熬,先撑不住的就是输家。如果樵夫没有坚持下去,而是在恐惧的驱使下起身逃跑,人的体力和速度很难比过狼,大概率会丧命;纵使反击成功,也可能在狼的攻势下受伤。可饥肠辘辘的狼其实同样面临体力不支的窘境,于是咬牙硬扛的樵夫得以在长时间的精神折磨下,用坚持赢得这场你死我活的对峙,最终逃出生天。

困难和你总有一方要先行退缩,那么退缩的一定要是你吗?

影片《白日梦想家》里沉迷幻想不敢行动的沃特最终克服恐惧正式启程,在冒险中他不断体验希望与失望的交替,这一幕幕的呈现终使观众认识到:

"与其每日靠幻想来度日,不如拿出点勇气把幻想过成现实"。

"白日梦"其实不该是一个被人们刻意回避的贬义词,因为我们起码会在遇到困难的人生某个时段,用几分几秒的时间编织出并不会实现的梦想,以此来缓解压力和痛苦。

不过,有时候当美好的幻梦召唤你我时,我们也总会不自主地幻想出一头饿狼,它气势汹汹发出恫吓,阻塞行路,给予停滞与退缩充分的理由。

而对付这匹狼的法子其实很简单，只要我们决心向前，它自会从路途中消散。这时候，"白日梦"就有望从虚幻走入现实。

从前短兵相接的战役中，率先退散的一方很容易演变成"溃败"。所以当我们与困难对垒时，还是不要率先转身为好。

03

小万是一个很要强的人，干什么事都追求"尽力而为"。她常说，"没有尽力导致的失败，比所有失败都可耻"。

有一次大家闲聊时，说起小万初入公司，刚一接手工作就快速熟悉了自己的岗位，没几天的工夫就让人忽略了她在本领域是一个新手的事实。

小万所在的公司是一个初创团队，带头人原本自己做自媒体，积累一定经验后决心组建团队。因为团队的创始者很多技术都是艰难自学的，所以对团队成员的技术提升特别上心。

小万作为一个行业新人，本来只是在文案方面打打下手，可跟着上了内部培训后，技术突飞猛进，堪称"平地起高楼"，因此迅速转正，很快便开始承担较为核心的工作。

而这一切有赖于小万自己的坚韧和勇气。

为了让自己在工作上不落后于人，并尽快成为团队中难以替代的角色，她在正式入职之前，就专门搜集了很多自媒体领域的信息，还从自己的生活费里挤出一部分资金，通过各种渠道寻找相关领域的专业人士，向他们取经。

听小万说自己刚入职时花钱报课程，还有偿请人一对一指导，同事们感到有些诧异。

有人问她："你刚入行时看起来年纪也不大，应该没有多少积蓄，怎么会舍得没上岗就交这么一大笔学费？"

小万回答，这就是为了打破信息壁垒。在她看来，刚入行的人难免要多踩一些"坑"才能够彻底融入行业。但有一些"坑"是不必要踩的，如果能够借助行业前辈的经验指导，一步一步对照自己的工作，那很多新手会遇到的问题也就能迎刃而解，完美避坑。

"而且，学到了东西，我总是不亏的！"小万调皮地说。

尽管小万嘴上说得轻飘飘的，其实正如其他同事所想的那样，当时的她并没有很多积蓄，而要获得一些可靠的、专业化的指导，花销并不算小。另外，在通过面试后，她还要处理住宿等一系列的问题，方方面面都要花钱，小万的荷包一下子就瘪了。

于是，小万不得不联系了从前做过的一些兼职，每天打多份工，还要抽出固定的时间来进行学习。

那段时间，为了保持充沛的精力，她像机器人一样，晨起梳理一天的工作内容，然后回顾前一天的学习内容；上班一边工作一边孜孜不倦地吸收经验，午休时借着办公设备练习视频剪辑的相关专业技术；下班后完成兼职任务，然后谦谨地向约好的"专业人士"请教工作问题，如果"专业人士"临时有别的事情，就忙不迭地发着"您忙您忙,您有空时指点我就很感谢了",并多看一节视频课;最后则冲个热水澡放松精神,保证6小时的高质量睡眠。

睡眠在固定时段,饮食要精打细算,娱乐时间近乎无,所有本该赋予生活乐趣的活动都要服务于工作和学习,这样在别人眼里枯燥乏味的日子,小万却全情投入,并且不知疲倦。

在基本适应了工作节奏后,她也仍然不能放松——小万的心里从来没有"高枕无忧"的想法。一段时间后她对行业环境更加了解,更细致的自我提升规划也随之出炉。

小万的一位好友了解到小万的近况时,忍不住劝自己的"卷王"朋友劳逸结合、保重身体。可小万的回应总是:更困难的时候我都扛下来了,何况现在?

朋友忍不住问她:"我就很纳闷,你到底是怎么扛下来的?"

小万愣了愣回答:"我也没有想太多。我只是想着只要扛下来就都好了。"

有人将一句拉丁谚语译为:逆境为径,繁星为终,步步前行,终抵璀璨星河。

人的一生,必要翻过山峦峰嶂,涉过江河湖沼,去品一品没尝过的滋味,看一看没触碰过的天空。届时我们抵抗着风霜雨雪,反驳了妥协的谣传,向困难宣战,向畏缩不前的自己宣战,然后由衷感叹,千万种阻碍也不足以阻止我们向前。

在每一段跌宕起伏的冒险故事中,少不了阻碍与波折。若是你已踏上了追寻的奇幻冒险,千万不要轻易向迷宫与路障的怪物低头。

下一刻,也许就有答案;下一步,也许便是通途。

别让昨天的大雨，
淋湿了今天的你

与其让过去的阴影笼罩自己，
不如从当下寻找光辉。

～～～

01

在地铁上遇到一个小孩子，叽叽喳喳的，像一只轻声啼叫的小鸟，喜人而不吵闹。

小朋友围着母亲转来转去，连声唤着"妈妈、妈妈"。孩子的母亲一手拎着包，一手扶住快要坐到地上的小朋友，无奈地说："怎么了呀？"

小朋友抱住母亲的腿："妈妈、妈妈，你为什么不高兴呀？"

母亲将手臂伸进孩子背部和熊猫小背包之间，就势将孩子架起来，含糊回应："就那样啦，快下车吧！"

车厢门闭合的时候，还能听见小孩子特有的脆生生的嗓音："为了昨天的事吗？可你是今天的你呀？"

哲人言，昨日之我非今日之我。不知道那位背着熊猫小背包的

"小哲人"心里要表达的是不是这番道理,可她的话实在是"闪闪发光"。因为很多时候我们肩头沉重、心中不畅,确实是被来自过去的力量裹挟。

一次去听讲座,坐在前排的某位女士针对主讲人提到的"豁达的智慧",回应说:"睡前不生气,不留坏情绪过夜。"

主讲人略一思考,赞许地说:"有人推崇'不生隔夜气',我们要是都能做到坏情绪不过夜,且不说能身体更健康,心境上也一定会开阔许多。"

于是主讲人就着这位女士抛出的例子,讲起了自己的一件小事。

主讲人说,有一天晚上她和男朋友"充分交流了意见"——吵架;"未能达成共识"——谁也没说服谁,谁也不先低头;"进行了深刻反思"——气得睡不着觉。当时已经接近零点,她想着:"我是个成熟的人了,明天还有工作,该睡觉的时候就得睡觉。"但是争吵后人的思维很是活跃,她越是自我安抚越是忍不住反复回想刚才那场争吵,然后眼睁睁看着时间到了凌晨1点,又到了2点。

勉强睡下后,第二天起来还是觉得整个人"气鼓鼓的",不是心理上的,而是生理上的。

"我一直听人说胃是情绪器官,那次真体会到了什么叫'情绪器官'。"主讲人自我调侃说,"经过这一次,我也知道了自己还是欠点儿豁达、欠点儿智慧。"

在听众们的笑声中，主讲人总结道："昨天的事，就把它放在昨天，别让自己甩不脱过去的包袱。"

把昨天的事放在昨天，让过去的事通通过去。

主讲人的话，后来时常被我和某高校校长的寄语联想在一起："今天天大的事，到了明天都是小事。"

世事无常，而人的生活节奏却为"有常"。在令你或愤懑，或低落，或焦躁的"那件事"发生后，未必需要退一步以求海阔天空，也未必需要一鼓作气冲破迷障，因为"那件事"早晚要被时间冲刷而去的，除非你久久惦念着，消不去那"过去"所镌刻的痕迹。

但这伤口瘀痕，又何必于往后的日子里教它一再作痛？

02

有段时间流行各类哲理故事，不拘逻辑是否合理，总之要强行摆出个"理"来。现在看来当时看过的很多书只可勉强称为"读物"，有些内容却至今仍值得回味。

大概是在某本杂志上，提到了这样一则故事：

有个"唠叨老头"，平生最爱提"当年如何"。从年轻健朗到两鬓斑白，他终日与人高谈阔论，不是感慨自己曾经多么光彩，就是唏嘘憾事——"我要是不如何如何，现在必如何如何"。

年纪大了，老头身体愈发佝偻，常觉腰酸背痛，可即便如此他也仍要踱着步子出去跟人讲"当年"。这天他和人讲"当年"时遇见十里八乡出了名的"伶俐婶子"。这女子见他不住捶打腰背，活泼泼地开口了："我瞧您老背的东西够多的，难怪总佝偻着腰！"

老头奇怪地问道："我背了什么东西？"

婶子便说他背上满满全是"当年"。

街坊四邻哄然大笑，婶子到底顾念老人面子，和缓口气又说："知道您爱攒东西，可何必将糟心难受的也留下？"

当时我虽觉这故事有趣，可又忍不住对这小故事的"文学性"指指点点，觉得文章到"背上满是'当年'"即可，后文实在赘余。可现在想起，却觉得这条不协调的"尾巴"也别有韵味。

都说回忆是生命旅途中的珍宝，可携带一生欢乐与警醒已然不易，还要将痛苦与沮丧之流也时时回顾，不是平白给生命增负吗？

工作时认识的一个因为个性较真被称为"真真"的女孩，对旁人调侃性的称呼欣然认领，还将"较真"发扬光大。

"真真"严格遵从"严于律己，宽以待人"的信条，对旁人意见都采取包容态度，对自己则简直苛刻到"鸡蛋里挑骨头"的地步。

一日，"真真"的某位部门领导，在她提交的汇报下写了句评语："写的什么玩意儿"。该领导一贯喜欢挑别人的毛病，最爱的就是给出那种没什么实际内容但又叫人不得不做点改动的"批评建议"。大领导们对此也偶有耳闻，这人只真诚而热忱地应答："严格点，工作才有质量，这是为他们好。"

通常，员工要是得了类似"什么玩意儿"的评价去找他问个明白，这人就会用类似的空洞而有攻击意图的话语反复强调：你看像话吗？你觉得挺不错？自己不知道自己毛病在哪儿吗？

究竟如何不通不顺、哪处不详不实，基本是问不出来的。

旁人对此，有敷衍着随便改改的，有重新检查后搁置一阵再交的，可"真真"一定要弄清哪里做得不对并改进。"真真"认为，能被人挑出毛病来，必有改进的余地，哪怕她也厌烦领导这一套作为，可也绝不接受自己"不作为"。

"真真"的报告被打回后，她琢磨了好久。午休时在想，做完其他工作也在想，晚上下班还在想，直到隔了一天她的报告通过了，也要继续想"为什么"。她越想越困惑，想不出如何给自己"升级"，让做过的工作无可指摘。

别人都说，"真真"是有点完美主义在身上的。如果在更加务实、更会用人的领导手下，她大概能够大展所长。可惜那时的"真真"一门心思想弄明白自己究竟哪里还能提升，却为此平白耗费大把精力，日复一日地在这个令人心力交瘁的困局中徘徊。

她过不去，"过不去"这道人为的障碍，也和自己"过不去"。

后来,"真真"没在这里干很久,不是她主动放弃了,反而是那个爱挑毛病的小领导受不了她,给她调了岗。调岗之后,"真真"也不知是否领悟了什么,悄无声息地离开了。

"世界万物都在治愈你,只有你不肯放过自己。"

之前在某评论区里看见了网友的这条留言,便想到了"真真"。认真负责、勤于反思,明明是十分美好的品质,可这个品质却也是"真真"受缚的枷锁。或许正像有人说的那样,一个精神内耗的人往往有个优点,那就是过于负责。

这样的人心里,问题始终是问题,不管是昨天的,还是今天的。

"我们的忧愁将会崩解,灵魂将会穿梭如风。"诗人聂鲁达在《一百首爱的十四行诗》中写着"爱人"的句子,而读者不妨以此来"爱己"。相信曾经的忧愁必将淡去,而我们的灵魂永远坚定、自在且从容。

03

在前公司上班时,和隔壁公司的章老师结识。章老师为人幽默风趣,似乎作为隔壁老板的朋友来充当顾问。她从不吝于给人帮助,也在两个公司的合作里悉心给了我们很多指点,因此现在偶尔路过附近,还要问候拜访一番。

章老师说,从前自己也没有现在这样豁达从容。那时她和别人合租一间公寓,一开始因为生活习惯差异很大,总有纠纷。

室友们相互之间为着"成年人的体面",先是尽力平和沟通、互相忍耐。后来小小的摩擦越来越多,就像在密闭的屋子里撕碎过一个羽毛枕头一样,时不时飘出几朵羽毛,令人止不住呛咳。

章老师第一次"咳嗽",是因为她的工作需要早起,而室友通常晚睡。在接连加班一阵子后,不堪重负的章老师疾言厉色地要求室友保持安静。

室友却说:"我知道你要早睡已经够体谅你了,可我还醒着,还有事要做,怎么可能一点声音都没有?"

章老师提起这事时有些不好意思,表示当时确实矛盾积累已久,她又因为加班而"失智",所以没有控制好脾气。

争执过后,章老师带着材料出差了,过了两天才回来。章老师回到公寓,室内空无一人,室友显然出去了。尚且腼腆的章老师正不知如何面对室友,遂舒了口气。这时,忽然同事拜托她帮忙寻找一份文件,本该休假的她又跑了一趟单位,再回来时作息"南辕北辙"的两人终于有所交集。

这时,室友做好了饭,见她回来无比自然地招呼她快洗手吃饭。

都说"吃人嘴软",章老师吃了室友的饭,扭扭捏捏地说:"其实我知道你尽力小声了……"

室友很是惊讶："你还想着前两天那点事呢？"在室友看来，两个人同住以来都在不同程度上作出过妥协和改变，也在相互磨合适应，既然如此便没什么好耿耿于怀的。

和室友敞开心扉地沟通过后，章老师的性格也逐渐向对方靠拢，学着"让过去的事都过去"。

"当年我真的，出了公寓门就开始复盘这件事，有点空闲这事就要在脑子里过一遍。"章老师自嘲似的连连摇头，"那时候真的爱内耗啊！"

在我认识章老师的时候，没想过可以将"内耗"与她联系起来。但在尚且青涩的岁月里，她也曾在酣梦到来之前辗转反侧，曾在忙碌生活之时频频顾首，将不愉快的、有争议的一切挂在心头。

我不由感叹章老师那位室友实在是个很好的人，章老师应和："书上写了多少句'放下'，多少行'释然'，都不如她'你还想着那点事呢'给我的触动更强。"

"人生本来短暂，为什么还要栽培苦涩？"——在每一个未明的清晨或日颓的黄昏诵读《假如你不够快乐》，忍不住想为什么人们总不能足够开怀。

和书友同好们曾谈起"为什么悲剧的记忆如此深刻，而喜剧的触动转瞬即逝"。有人说，因为人总是对那些突如其来、不可逃避的糟糕事情耿耿于怀，又对早有预兆、难以逆转的祸端隐患深觉悔恨。

但是耿耿于怀也好，心存悔恨也好，它们的存在使人如临深渊、如行暗夜，并在众人享受阳光时仍沉浸于阳光照不到的地方。

"博大可以稀释忧愁，深色能够覆盖浅色"，我们为什么不能用今天的太阳，照亮过去的自己呢？

人生海海，
潮落后必是潮起

潮落之后，

我们应当相信会有新一轮潮起。

～～～

01

有一段时间，我的社交活动量急剧减少——包括被动社交。那时候我打定主意"不听、不看、不说"，不发生任何交流，以此来恢复自己被耗空的"能量条"。

但是，人长久地过着重复性生活，便容易精神恍惚、活力降低。在房间里躺了几天后，我忽然回想起曾经自己在长期独处中变成一个空洞的躯壳的"黑暗岁月"，于是一个激灵从地板上坐起来。

但是做点什么呢？

踌躇间，忽然看到某杂志征稿，主题是"给18岁的自己"。看着这个题目，我忽然想起之前写过一篇"给十年后的自己"。因为这个题目被朋友吐槽"像极了以前写过的小学作文"，所以这篇文章写过了也就"算了"——被无声遗忘在电脑的某个角落里。

我尝试着寻找了一番，侥幸找到了，打开一看，顿时感觉眼睛受了伤。

那时文笔青涩稚嫩，满心浪漫，如今看来颇令自己尴尬，于是我滑动手指便要将其删掉。

可想了想，又放弃了。

何必对自己那么刻薄呢？我自言自语道，一个更年轻的你所做出来的事情，连成熟后的自己都不肯包容，还有谁能包容呢？

于是，我又静下心来重新读了一遍，想着即使这篇小文不用来做什么，也该修改一下，再继续放着落灰。

但读着读着，我忽然感到难过起来。

青春年少的我向未来寄出书笺，可而立之年的我能用什么来回应呢？

是叙述我比上不足的"宁静祥和"的生活，还是倾诉变成一个成熟大人的"行路之难"？

虽然对每一份工作都不曾生出后悔的情绪，也对如今的职业生涯保持着热情，可要回应当年的我，自己似乎已经成为一个平庸的、随波逐流的人。

我对着刚刚改装为"极简风"的雪洞般的屋子，突然有些困惑：自己是不是又处于一段低谷期而不自知呢？

我想，无论是封闭生活和激素作用的效果，还是别的什么原因，既然我心中的潮涌已然回退，那就去寻找那奔涌的自由吧——

把来自过去的我的问询和呼唤当作一次跨越时间长河的自我拯救。

再次踏出狭小天地的我呼吸着自由的空气,并在景点遇见了一对暮年夫妇。

妻子身穿古代服饰,手持轻罗小扇,面朝丈夫的镜头笑脸盈盈地摆姿势,丈夫则是一边不住地夸赞妻子的笑容甜美一边按下快门,另一只手还不忘扶着自己的腰。

我情不自禁地拿起手中相机记录了这个瞬间,走近了这对恩爱夫妻。他们看到我拍的照片时很惊喜,负责拍照的老爷子更是直接用专业的角度评价了我的构图和光影。

我惊讶地问道:"您这么专业呢?"

爷爷闻言有些骄傲地说:"我以前是开照相馆的,我爱人的照片都是我拍的。"然后又得意地告诉我——奶奶是他的缪斯,引得奶奶在一旁说他老顽童,多大岁数还拿她寻开心。

爷爷说年轻时奶奶就爱美,喜欢照相,一有机会他就会给奶奶拍照。但是当时他们俩工作忙,也没什么时间能出去,现在终于能实现年轻时的梦想了。说到这里,他俩相视一笑,彼此的眼睛里都是幸福和爱恋。

"我们年轻时打拼生活很不容易,那时就许下过一个愿望。"老两口脸上洋溢着幸福,而那寄托着年轻时美好梦想的愿望,我已从他们的笑容中领会到了。

一时间,那些心底不知从何而来的迷茫躁动都宁息了下来。我想，我会如他们一样老去，在经过低谷，有过质疑，发起过对未来的期望之后。

麦家的《人生海海》中有一段话："人活一世，总要经历很多事，有些事情像空气，随风飘散，不留痕迹；有些事情像水印子，留得了一时留不久；而有些事情则像木刻，刻上去了，消不失的。"

作家自言有些伤疤不仅存在，还总要在阴雨天作痛。但我还是觉得，木刻一样的事情，是勇气，是向往；而那些低潮时的迷惘则如水印，终会消散。

潮落之后总是潮起，正如今天之后还有明天。

02

一次偶然的契机，我遇见了大学同学娜娜。我俩相约咖啡馆，聊起了彼此的现况。

她说最近看我的朋友圈，发现我的生活多姿多彩，还问我是不是在学习摄影。

"那些照片都很好看。"娜娜说，眼里有着喜欢和向往。

娜娜是学绘画的，我们相识也是因为她在大学期间办画展活动时请人出文案。有段时间她的腿受了伤，不能出去采风，四处央人给她拍照片，她的展览主题也是因此事有感。

我问她现在是否还需要照片临摹，娜娜露出一贯的浅笑，只是这笑容和曾经展台画布间灵动如蝴蝶的她大不相同。

她说:"绘画现在只算是我的爱好,这几年也很少动笔画了。"

这时我方留意到,她虽然美丽依旧,可那一条腿打着石膏也照样明媚动人的娜娜却不见了。

看着她有些落寞的样子,我问她是因为灵感枯竭还是因为别的什么。

她有些沮丧地点点头,告诉我自从她有了孩子以后,就不再开画室了。每天接送孩子、收拾家务,久不动画稿,越觉生疏,越不敢执笔。

娜娜说:"我拿起画笔的那一刻脑子里空空的,刚准备起笔,孩子又哭了。"

我犹豫着,不知道该不该问更私人的话题,可是和娜娜曾经的情谊使我还是想要知道答案。于是我问她有没有雇保姆,以她的家庭条件,起码请人来帮忙带一段时间孩子是不成问题的。

娜娜却说:"一个小生命在我的臂弯里,这种感觉很难形容。但不管怎么说,我舍不得把孩子给别人带。"她怕我不能领会,努力组织着语言。

我可以理解她的选择。

想了想,我对她发起了旅行的邀请:就在附近,她安排好家里的事之后。

娜娜明显心动了,又想着只是在附近转转,也就答应了。

大学的时候她有过当背包客的梦想,寻访名山大川,遍寻名画遗迹，将风景留在自己的画布上。现在，有了一个引子，过去的梦重新鲜活起来。

我们在两天之内爬了山，参观了博物馆，看了一场歌舞剧演出。这场演出没有在剧院里举办，而是在街头演出。

一群年轻的男男女女做"飞天"扮相，在没有吊索装置的露天广场上，靠着肢体与神态呈现出飘然之态。

他们的服装不算精美，道具也很简单，可人们都看得痴了。

娜娜也激动万分，待散场后忙不迭地上前询问。

这个小小团体的领头人告诉娜娜，他们只是一群业余艺术爱好者，在讨论"飞天"艺术时忽然产生了"平替版飞天"的念头，于是经过漫长筹备，终于成功进行了一次演出。

"这次回去之后，估计我们很多人都得啃一段时间的馒头榨菜，以后可能也没机会再聚在一起了。"领头人有些伤感，但很快振作起来，"不管怎么说，我们这个'平替团'也亮过一次相了，以后我们都会记得这次演出的。"

娜娜回去后长久无言，快到她家楼下时才突然说："他们那么艰难的条件，也明知道可能没有未来，还是尽力完成了一次演出。"

我抬头看着她，她笑了："我想画画了。"

不久后，娜娜告诉我，她把那天的"飞天"画了下来，预计再有一阵子就大功告成了。

"其实那段时间我过得很奇怪，又操心孩子，又不甘自己不能再动笔。后来我老公都说那时家里气氛很不好,他讲话都小心翼翼的。现在我不仅要画画,还要教孩子画画,她现在都认识好几种颜色了!"娜娜说,"如果她以后不喜欢画画,也可以学别的,我也想学些新的东西。养孩子的同时,也把自己重新养一遍!"

她没说自己未来有什么打算,但我知道,她已然走出那段干什么都不痛快的日子,给自己规划出了个美好的世界。

"将自己按照理想中的样子,重新把自己养一遍",是我所认定的十分浪漫的一句话。

人生潮起潮落,每个人都会经历低谷期的至暗时刻,那时你或许正面临一场巨大灾难,或许正茫然迎接看不见的情绪危机,但无论如何不可以放任自己沉浸在负面情绪里得过且过。

水流会转弯,人生也会有转机。跳出来,去冲浪,去做一个弄潮儿。

第四章

不要让
别人左右你的人生

不要让别人
左右你的人生

走自己的路,

点自己的灯,

发自己的光。

~~~~~~

01

小初是一个热爱冒险的女孩,即便她从小到大都没机会攀登雪山或抓拍岩羊,她也依然在城市的人群中幻想着一场场冒险。

如果说,十岁时还有人夸赞她的浪漫精神,等到二十岁时更多人开始嘲笑她的天真,三十岁时她得到了"有毛病"的评语。

平淡的生活,平凡的自己,可小初还在心里做着冒险的梦。

有一天,她在商场的大屏幕上看到了一个堪称"惊心动魄"的广告,旁边的小姑娘小声与同伴说着:"看起来很高级是不是,其实这个小瓶子只要这样拍……"

小初心中一动,到网上学习拍摄手法和技巧,还看到有网友发起诸如"把这块饼干拍摄成我吃不起的样子"的活动。

她看着人们或精妙或搞笑的创意，忽然意识到自己的"城市冒险故事"可以以此展开。

于是她开始捡回从前的摄影爱好，写下自己的各种创意构思，用镜头让幻想走入现实。但是她的作品并没有引起很大的反响。

这时候，有人劝她："没事时玩一玩，放松放松就算了，何必投入那么多精力。"

但热爱的火焰无法轻易被他人的冷水浇灭。

小初终于找到了抒发自己想象的途径，她一门心思要将"啤酒瓶盖的历险""麻雀的寻宝故事"等自己脑海中的场景复刻到现实生活中来。

这时，又有人指点她"找主题""提立意"，给这些荒诞的"都市故事"包装得花团锦簇。

小初认真思考过，还是觉得"冒险就是冒险"，每个人都可以从故事中产生自己的感想，或者什么都不想也是人的自由——"冒险是自由的，硬升华就不自由了"，这就是小初的答案。

现在，小初找到了志同道合的伙伴，她们一同利用身边简单的道具进行创意拍摄，从不同视角刻画自己的冒险故事。有时为了获取一个镜头，她们要耗上半个月时间；有时，为了实现"手动特效"，她们要将能收集到的物品和声音一个个试过去。

没有大众眼中"拿得出手的作品"，当然也没有鲜花掌声，小初就在自己的小天地里"冒险"。她屏蔽了外界的议论，也消解了心中的动摇,坚定倔强地追寻别人所不理解的珍宝。

林语堂说过:"有勇气做真正的自己,单独屹立,不要想做别人。"小初是这句话的完美践行者。

她用自己的行动证明,不要让别人否定、左右你的人生。

正如普劳图斯的一句话:"我是我自己的主人。"

在面对质疑和否定时,小初没有被别人的思想左右,而是选择做自己的主人,用执着的内心和坚定的行动来抵御迷惘和困扰。

不畏艰难,不惧质疑,在每一段旅程中创造更美的风景。

02

小陈毕业于一所师范院校,怀揣着对教育事业的满腔热情,她毅然选择来到这个交通不便、条件艰苦的偏远山村,决心为乡村的孩子们点亮知识的明灯。

当小陈初到这个乡村时,迎接她的并不是热烈的欢迎和支持,而是村里人的怀疑和不认可。

"一个年轻的小姑娘,能在咱们这儿待多久?不过是一时兴起罢了。"村里的老人摇着头说。

"城里来的,能吃得了咱们这儿的苦?估计教不了几天就跑了。"

"这么年轻,能教好学生吗?"一些村民私下议论着。

就连学校里的一些同事也不太看好她,觉得她年轻稚嫩,空有热情没有经验,可能无法胜任这份艰苦的工作。

心怀热血而来,却迎面受了一场淋漓的寒雨,小陈心里的委屈冒出了一点萌芽。可看到简陋破旧的教室和那些眼神清澈的孩子,她咽下委屈一遍遍告诉自己:做我想做的,不能放弃。

备课到深夜,昏黄的灯模糊了她的眼睛;尽力布置教室,磕磕绊绊把她变成了"手工达人";和学生心贴心地沟通,压榨着她所剩不多的休息时间……她努力张开翅膀,想让孩子们拥有一个温暖、无忧的童年。

然而,她的努力并没有立刻得到回报。在一次期末考试中,孩子们的成绩并不理想。家长们的指责纷纷而来。

"教成这样,也能当老师?"

"这老师根本不行。"

……

小陈说,自己会永远记得那个冬天:教室的窗户玻璃破了,冷风呼呼地往里灌。自己早早到了班级,见状立即找来木板和钉子修窗户,生怕耽误学生们上课。为此,她砸伤了手指,鲜血直流,可冻得僵硬的手并未觉出太多疼痛。这时候,许多不被认可的日夜积攒的委屈却随着湿热的血蔓延,由指尖浸透肺腑。

孩子们叽叽喳喳的声音逐渐填满校园,她悄然擦去眼泪和血,继续钉着窗上的木板,然后开启新一天的课程。

一眨眼，小陈坚守在这个乡村学校已经十年了，曾经罗网般裹住她的质疑和否定也消散了很多，她开始成为人们口中的"好老师"。再提起过去种种不愉快的遭遇，她半开玩笑地说："我有时也会动摇，但从不后悔。别人讲什么话是别人的事，我要做什么是我的事。"

小陈的故事就像那句话说的一样："我们无法改变别人的看法，但是可以改变自己的心态；我们无法改变过去的事情，但是可以改变现在的状态；我们不能控制他人的行为，但是可以把握自己的人生。"

不要让别人左右你的人生，你要做自己命运的主宰。只有这样，当我们回首往事时，才"不会因为虚度年华而悔恨，也不会因为碌碌无为而羞愧"。

03

我有一个画画还不错的朋友，她曾给我讲过一个观看她画展的女孩的故事。

女孩叫小茗，从小就对画画有着无比的热爱。每当手中握着画笔，她就仿佛置身于一个只属于自己的奇幻世界，色彩在纸上跳跃，线条交织出无尽的想象。

小茗的家庭并不富裕，父母辛勤工作，只能勉强维持家庭的生计。在他们眼中，画画不是一条能够带来稳定生活的道路，他们认为小茗没有成为画家的天赋，担心她投入过多的时间和精力在画画上，最终会一事无成。

"别画了，你没那个天赋的。画画能当饭吃吗？"父母严厉的话语一次次在小茗耳边响起。其他亲戚长辈也不断地向她重复"体谅父母""不要败家"之类的话。

面对家人的反对，小茗的内心充满了痛苦和挣扎。她深爱着画画，但又不想违背家人的意愿，让他们失望。最终，在种种压力下，小茗无奈地放下了手中的画笔，将那份热爱深埋在心底。

时光匆匆，小茗按照家人期望的道路前行，找了一份稳定却平淡无奇的工作。生活虽然算得上安逸，但她的内心深处始终感觉有些东西正在慢慢消失，渐渐无法填补。

有一天，小茗偶然路过一个私人举办的画展，里面展出的有不出名画家的作品，也有普通爱好者的作品。大厅里的一幅幅画作未必都技法精湛，却如璀璨的星辰，散发着迷人的光芒。她不由自主地走了进去，脚步停留在一幅又一幅的作品前。

那些色彩的碰撞，线条的蜿蜒，仿佛都在诉说着画家们内心深处的情感和故事。小茗的目光停留在一幅特别的画作上，画中是一个女孩在一片绚烂的花海中作画，阳光洒在她身上，勾勒出美好的轮廓。那一刻，小茗仿佛看到了曾经的自己，那个充满梦想和热情的自己。

那幅画正是我朋友创作的。

片刻后,她的眼眶湿润了,心中涌起悔恨和悲伤。她的家庭条件支撑一名专业的美术生求学创业固然十分困难,可事情远远没到她必须完全放弃画画的地步。很多对绘画有着向往的人,可以省吃俭用,在获得第一笔工资、攒下第一笔存款后,给自己一点小小的奖励,去购一套工具,报一节课程,或拜访展出的名家画作……而小茗的放弃却如此彻底。

她后悔因为家人的否定就轻易放弃了自己的热爱,她难过自己错过了那么多可以用画笔表达自我的时光。

史蒂夫·乔布斯说过一句话:"你的时间有限,所以不要为别人而活。不要被教条所限,不要活在别人的观念里。不要让别人的意见左右自己内心的声音。最重要的是,勇敢地去追随自己的心灵和直觉,只有自己的心灵和直觉才知道你自己的真实想法,其他一切都是次要的。"

小茗在质疑声中失去了追随自己心灵和直觉的勇气,放弃自己的想法,活在了别人的观念里。

若是有再来一次的机会,她大概也会紧握梦想的画笔,描绘奇幻的世界。

然而,人生没有回头路,唯有从这一刻起,重新审视自己的内心,重新寻找那份失落的热爱,才有可能在未来的日子里,弥补曾经留下的遗憾。

　　只有自己知道自己想要的是什么，想过什么样的生活。我们无法改变他人的看法，那便将琐碎的言语视作路边的尘埃，把握自己的人生，走自己的路，发自己的光。

你若不能掌控自己，
就将被别人掌控

人生是一本书，还是一场戏？
都可以，只要你作为唯一的执掌者，
把控好自己。

01

有一日人懒懒的，提笔也没什么灵感，一会儿敲敲键盘，一会儿拿起笔画上两道。

想着灵光不可强求，于是我双手一撑桌子，把自己从乱七八糟的桌前推开，就着椅子的滑行顺路捡回手机，打算刷刷新闻找点思路。

打开网页，先浏览了几个"热点头条"，连带着看了同领域的一些推送消息，感慨几句，记下一二则以备后用，但对目前的情况仍无帮助。

然后就被一则"我家猫猫要教我捕猎，练习道具是它带回来的小蛇"的奇妙生活分享吸引了，于是围观了网友们"智取蟑螂"的人与自然的故事,"在逆子的作文里死去活来"的家庭伦理故事,"把上司的锦鲤撑死了"的职场战争故事,等等。

原本牵肠挂肚的"灵感"没有找到,但对"如何找灵感"一事有了新的灵感,遂打开小说阅读软件。"单调的生活环境和单一的生活方式会让灵感枯竭",这样想着,就开始了"足不出户游历大千世界"的旅程。

待到一天中最热的时段过去,我正打算开瓶果酒,剥盘坚果,看个电影,一瞥电脑桌,忽然惊醒:这一天过去大半了!

状况似乎失控了。我瞪着桌面,一个我在自己批评,另一个我不停辩驳。想了想,心烦意乱的我决定寻求场外援助,拨通了朋友的电话。向她说明情况时候,朋友问了两个问题:

所以你有灵感了吗?这一天过得还算休闲舒心吗?

答案是两个否定。

朋友隔着电话,辛辣点评:"无序的一天!"并问我明日的安排。

我有点心虚地回答:"大概,还是在家写稿?"

第二天早上七点多,住在隔壁城市的朋友敲响了我的门,催促赖在床上不想起的我立刻洗漱,然后正式接管本人。

按时吃饭,一起做家务,讨论情节,专心写稿,再讨论交流,再继续写稿。不得不说,进度突飞猛进。

在我写稿子渐入佳境时，朋友征用我的床铺处理她的工作，并在我追上预定进度后宣布要继续接管我，直到我将手上这部短篇的初稿写完。

这次，我切身体会到了什么叫"不能自己掌控自己，难免被他人挟制"。

当然，这里说"挟制"是密友间的笑闹，可就像很多人都曾听过的一样，"步入社会后没人会把你当个孩子"，比起好友的"挟制"，他人的挟制更难以忍受。故而人还是要会自我管理，以免陷入失序的境地不能支配自己之所有。

有位写作搭子对我感慨：很多人的一生，都是被裹挟的一生。

这使我想起加缪在《快乐的死》里的句子，"担心失去自由或害怕无法自主，是仍怀抱着希望的人才会有的顾虑"。

世上的多数人尚不至于"万念俱灰"，但我所真切见过、了解过的一些人，确实并未在自己的人生中预设一个"闪闪发亮"的希望。他们是无所谓的，对于怎样地活着、怎样才算"活得好"缺乏认识和打算，就像一群洄游的鱼，结群往返，从生到死。

但总有些被"洄游鱼"判定为失控者的人，清醒着做一泓流水，把控着途经岁月的片片浮萍。

02

生活里的"乖乖女"十分常见,仿佛在哪里都能碰上一个。小语活泼爱笑,表面上看起来不够"乖",其实也不是一个很有主见的人。

比方说,她进入教培行业,并非自己感情的倾向或理智衡量后的产物,而是周围人"推波助澜"所致。

先是读书时周围很多同学都尝试考教师资格证,比较要好的室友还鼓动她一起——"我们搭伴学,反正现在有时间,毕业后再想考什么,都没学校里这样省心了"。

后是身边长辈们劝告,纷纷告诉她"当老师好",并要她跟上同学们的步伐,尤其是一位姑姑听她提起很多同学在备考,更极力劝她去试试。

其实小语自己对此并没多大兴趣,但生活在如此的环境中,渐渐也就默认了自己要走这条路了。

她一开始进了一所私立学校,可实在不喜欢那种氛围,辞了职。不承想家里得知后,埋怨她"身在福中不知福""不肯吃苦",直到小语又找了个教培机构当老师,家里只认"老师"身份,倒是不分校里校外,这才让她重获安宁。

再比方说,在机构当老师后,小语花了很多心思在自我提升上。这本是有益之事，也是应为之事，可她的自我提升居然也不完全是自己拿主意。

很多知情者都深觉不可思议的一件事是，她作为一个艺术类老师，本来负责教播音主持，声乐器乐等是其他老师的课程。可有家长就说"主持人应该多才多艺"，非要小语朗诵课、演讲课都得"载歌载舞"，给孩子艺术熏陶，培养孩子艺术特长。然后小语居然真的去努力学了，还向音乐、舞蹈方面的同事请教。有的老师劝她"做好本职工作，不要给自己加负"，有的则直接要她"推荐到我这里来上课，我才是正经教这些的"。

她原本觉得如家长所说，学些新东西融到教学里，师生都会受益；可同事们一说，她又觉得这样做对自己、对同事都不好。

看起来，小语对自己的人生并无规划。她就像是河上的浮木，漂到哪里就停在哪里，没有"想做什么"，也没有真正意义上的目标。

或许小语提出自己的理想后也未必能获得家人的支持，但如果她始终没做出规划或"实施规划"的规划，那么她的生活大概也只能被他人的意见裹挟。

应是冯骥才先生说过这么一句话：风可以吹起一大张白纸，却无法吹走一只蝴蝶，因为生命的力量在于不顺从。

我们可以想象，一个人总将别人的意见奉为圭臬，越高岗、过怒涛，自己狼狈不堪，而别人早忘了随便哪一天里的随口一言；又或者在岔路口徘徊不定左右为难，只因观点相异的人正兴致盎然在自己的棋盘上落下本不该由他落下的一步棋。

每个人都应是一个执棋者，即便所操控的只是吃吃睡睡的十二个时辰。可人有时会莫名让渡自己的权力，还为当了一枚先行的黑子而沾沾自喜。

但这显然不是"生命"所应有的状态。

03

在高校任教的朋友跟我提起了她的学生晓迪。

还未接受过"社会毒打"的年轻人，多半都有一腔不息的热情，敢说敢想敢做，而晓迪则是年轻学生中勇气比较突出的一个。

高校教师和学生的联络通常不太密切，就算找老师请教问题，也不像从前读书时那样亲近。但晓迪是一个会追问问题追到老师家里的人——尽管这个"老师"仅限于我的朋友。

晓迪有考研方面的想法，所以入学没多久便抓紧一切机会和我的朋友沟通，等到"好感度"刷够后便到朋友家里拷贝资料，一边吃着小点心一边畅谈理想。她们年岁相差不大，既是师生也是朋友。

某天下午，朋友邀请晓迪到家里来，分享自己最近新整理的一批文献、参考书。晓迪下课后很快便来了，和往常一样积极。

但是朋友还是觉得晓迪的状态不太对。

原来，晓迪已经完全确认了自己的理想院校和研究方向，兴致勃勃地告诉了家人。父母一开始还比较支持她，可过了一阵子，不知是不是亲戚朋友们说了什么，父母联系晓迪说："你考那个，出来后能做什么呢？"

也许晓迪的父母将"幸福"和"体面工作"视作等同，孩子的理想、研究的价值，在他们看来空洞而遥远，不如乡邻称赞的"饭碗"。总之亲密的家人谁也不能说服谁，火气愈发高涨，直至晓迪的父亲说出"那就自己挣钱去上，我们不能白养你"。

"当然，当然，我这么大人了，是不该让父母养的，我知道。"晓迪强作镇定，"读大学也借用了他们的钱，不该再辛苦他们了。"

话已至此，朋友觉得自己不该在情况未明时继续掺和学生的家庭纷争，转过话头只问晓迪的打算。

晓迪喝了两口冰镇的果汁，平复了一下激动的情绪，然后坚定地告诉朋友："我要考研，我会自己去打工赚钱，实在不行毕业后先工作攒钱再继续考。总会有办法的。"

163

后来，晓迪的家里多次打电话来商量，从严词反对到流露出妥协的态度。晓迪见父母能够心平气和地与自己沟通，也放软了态度。但是，晓迪依然坚持一边上学一边打工，并了解了很多相关的补贴政策。

"我不会让任何因素影响我——除非我学得不好。"晓迪带着"问题本"在朋友家请教问题时，告诉朋友自己的打算。

朋友知道，此前的家庭争吵还是给晓迪带来了一点影响。

怕她心理压力过大，朋友温和地带着她分析道："目前你的进度比较快，平时成绩也可以，成功的概率比较大。但是你知道，形势总在变化，没出结果前不要太放松也不要太紧张。主要是要稳住心态，你明白吧？"

晓迪是个机灵聪慧的孩子，立刻理解了朋友的担心："没关系，我知道没那么容易，如果失败了，就再试一次。"

后来，据朋友所知，晓迪第一次考研确实失败了，她也确实再试了一次，最终得偿所愿。

晓迪的勇气并不盲目。她没有忽视潜在的阻碍和危机，但也未曾放任畏缩与怯懦支配自己的心灵。她控制着情绪和行为，使人生的道路延伸至所望所盼的方向。

"勇气并不总是咆哮。有时勇气是一天结束时出现的平静声音,它说,我明天会再试一次。"正如此话所说,掌控自己命运的勇士,其勇气并不一定如怒涛般汹涌澎湃,但必定静水深流、涓涓不止。

但愿每一个人,都能勇敢成为自己命运的掌舵人。

没有方向的船，
怎么划都是逆风

不是所有的路都通往罗马，
选择正确的方向，
努力才有价值。

01

有段时间网络上热议"一个人在周末可以做的十件小事"，其中有一条是随机乘坐一路从没坐过的新公交线路，然后选一个有眼缘的地方下车。

这勾起了我从前乘车四处观光的记忆，于是在一个晴朗凉爽的周末，打算前往一个陌生的地方。

沿着树荫走走停停，偶见一家装修别致的小店，门前一块木质牌匾写着"酒馆"，门口附近养了吊兰和不知名的盆栽。门框上还挂了由小贝壳和小海螺穿成的手工门帘，风一吹，门帘也跟着轻轻摇摆，像是飘逸的裙边。

这种清新自然的风格像一块强磁把我吸引了过去。

听到我穿过门帘的声音,老板略显惊讶,大概这个时段的来客比较少见。在我表明来意之后,她给我调了一杯低酒精度的鸡尾酒,然后上了一盘杨梅和坚果拼盘。店里没有别的客人,她也拿了一杯酒,坐下和我闲聊。

老板叫丽丽,今年38岁,因为不喜欢每天都要绷紧神经的上班族生活,在35岁的时候毅然辞职,提前"退休"。

她带着十几年积攒的积蓄,回到了自己长大的小城,盘下了这家店,并亲自设计装修。

用丽丽的话说就是"像小燕筑巢一样,自己亲手一点一点地建起了自己的'王国'"。

丽丽说她不喜欢到大城市打拼,但是她年轻的时候大家都说年轻人得出去闯荡,得上进得有拼劲儿,所以她就随大流去了异地他乡。

丽丽灌了一口酒,长长地吐了一口气,像是要一吐这些年的憋闷。

她说:"我其实不喜欢快节奏的生活,为了能融入那座城市,我付出了很多努力,刚毕业的时候加班到凌晨都是家常便饭。兢兢业业在公司干了十几年,结果到35岁这个年纪之后,中年危机的氛围突然就在我身边蔓延了。"

那个时候丽丽总能听说一些中年人被公司辞退的传闻,身边的朋友也有几个被裁员的,她想着这些年自己也没有在公司做出过什么"丰功伟绩",心里也有些惴惴不安。

"世上无难事,只怕有心人",这个丽丽年轻时一直信奉的道理,到了今天好像突然间就走到了死胡同,不再行得通了。是她不够努力吗?还是她努力的方向错了?

看着公司里越来越多的陌生年轻面孔,丽丽感到越来越迷茫。

直到后来在网上冲浪时,她看到有人写道——不要害怕调整方向,因为有时候,最勇敢的行为正是承认之前的路线不是最佳的,并勇敢地迈向新的征途。

于是就有了这间"酒馆"。

我问她:开店累吗?生意景气吗?

丽丽听后很开心地笑了:累,但快乐。

"你知道那种感觉吗?就好像一艘船行驶在海面,四处都是雾蒙蒙的,有人打灯,有人喊号,你跟着指令开出去、驶回来,不知道自己要去哪里、干什么。可现在呢,风急浪大,没人给我引路,但我一点也不怵。心有方向,本身就是一种底气。"丽丽忽然神秘一笑,弯弯的眼睛里都是狡黠,"而且,我现在比以前挣得多多了。"

缺乏方向的努力,就像无头苍蝇般乱撞,耗尽力气却一无所获。

前十几年的丽丽就像是一位迷途的登山者，一直在半山腰绕弯打转，盲目努力，付出了那么多的汗水与心血，却迟迟得不到预期的回报。现如今的丽丽有了自己的指南针，于是她劈开荆棘，拨开迷障，每一步都走得踏实、安心。

方向错了，再努力也只是在错误的道路上越走越远；方向对了，每一小步都离成功更近一点。找到你的方向，才能登顶人生这座大山。

02

小慧是一个一看就很有主见的人，她的眼睛总是黑亮黑亮的，闪着坚定而有神的光彩。她从小就脾气倔，主意也大，总带着一股不撞南墙不回头的架势。

儿时因为崇拜运动员，她加入了少儿乒乓球队，凭着那股不服输的韧劲儿，就算没什么运动天赋，也硬是坚持了七年。

后来小慧确诊了腱鞘炎和肩周炎——由于她一直私下里给自己加练，长时间的过度锻炼导致肌肉劳损，最终落下病根。经过教练和小慧父母的综合考虑，她被劝退回家了。

退队之后的小慧依旧不服输，她执拗地相信"只要足够努力就会取得成功"。她每天偷偷摸摸找时间锻炼球技，这样坚持一段时间后，病症恶化，医生对她下达了警告——如果继续这样过度锻炼，会使手部功能受限，影响她的日常生活。

看着小慧日渐消沉的样子，教练找到她，问了她一个问题：蜜蜂和蚂蚁都是早出晚归很勤劳的动物，如果它们比赛，你觉得谁会赢？

她不假思索地说："比什么？它们两个擅长的东西都不一样。"

"没错，他们两个擅长的方向不同，所以没法比较。那你为什么非要和'蜜蜂'比采蜜呢？"

她沉默了，陷入了思考。

半晌，小慧抬起头，晶亮有光的眼神重新回到了她的脸上："我真是……脑袋没转过这根筋。我会有别的路子的，或许，还能带着我的球拍一起。"

蚂蚁擅长搬运食物，哪怕是比它们身体重十倍的食物都能被它们搬回巢穴。蜜蜂擅长采蜜，它们能酿造出最香甜的蜂蜜。如果非让蚂蚁去和蜜蜂比赛采蜜，那么不管蚂蚁付出了多少努力也只是徒劳。

本来就是不同赛道上的两种动物，根本就没有可比性。

方向对了，路再远也能到达；方向错了，走得再快也是徒劳。

就像蜜蜂和蚂蚁一样，非要把蚂蚁放在不合适的赛道中与具备优势的蜜蜂竞争，最终结果自然可想而知。方向不对就重新换，不然只会越努力越心酸。

人生漫漫，前路灿灿，盲目的努力不会帮助我们到达人生的彼岸。人生是旷野，而非轨道。选择正确的前进方向很重要，途中赶路的速度也许会慢，但是只要方向正确，走过的每一步都算数。

03

从前，发小和我说，毕业之后她想从事自媒体行业，正好当博主还可以发挥她的"戏精"本质，非常适合她。

毕业之后她就投简历去了一家互联网公司，当主播助理。每天跟随团队里的博主拍素材、想段子、写脚本，昼夜颠倒，熬夜成了家常便饭。

我放假去看她的时候，她已经瘦了十斤。发小自己也觉得这份工作很累，但是她看得很开。

她说，刚开始入行嘛，大家都是这样过来的。而且虽然工作很累，但是她总是干劲十足，精神满满，越来越发自内心地觉得自己的选择是正确的。

路虽远，行将至。对于发小来说，她现在搭乘的是自媒体"末班车"，相较于互联网兴起初期，现在的网络上人才济济，各种类型的博主应有尽有，想要把账号做火实在是难上加难。

发小前期刻苦钻研文本段子，视频拍摄了一遍又一遍。无数次打磨调整打光位置、拍摄角度、运镜手法，但是十几个作品发出去，粉丝量依然少得可怜。面对这样的情况，她却很满足，虽然粉丝量很少，但是每天保持增长的势头，最起码证明她的方向是对的。

努力是成功的基石，方向则是指引你攀登高峰的地图。发小认为自己手里拿着正确的地图，即使遇到困难也一定能成功跨越，而且万事开头难，总不能遇到点坎坷不平就绕道而行。

她那时高高兴兴地打算着：先在这个公司干一段时间，初步了解一下自媒体博主的工作内容和行业规则，借着主播助理这个岗位抓紧机会给自己"充电"。随着发小干的时间越长，就越清楚如何剪辑视频、拍摄段子、分析网络爆点、洽谈商务等，她也变得越来越专业。

发小自己的账号也运营得愈发得心应手，逐渐积累到了十万的粉丝量。那天她激动地告诉我这个好消息，随后就在电话里泣不成声，她为这一年多时间里昼夜颠倒、废寝忘食的自己喜极而泣。

发小每一步的目标都非常明确，像一个运筹帷幄的军师。她清晰细致地规划自己下一步的发展，每做出下一个决定之前一定经过深思熟虑。同时发小也清楚地知道在网络上想红一时很容易，但是长红却很难，所以她时刻保持网络敏感度，不错过任何一个时下新热点。

苍天不负有心人，发小逐渐有了一点知名度，陆续接到了一些商务推广，手头积攒了点钱，事业上也算小有所成。

"只有具备真才实学，既了解自己的力量又善于适当而谨慎地使用自己力量的人,才能在世俗事物中获得成功。"

读到《歌德的格言和感想集》后,发小觉得自己目前还有很大的发展空间,她还要制订下一步的计划,继续朝着自己选择的方向前进。

人生的旅途,只有把握好方向,不断划桨,才能持续前进,不然一艘没有方向的船,怎么划都是逆风。

心之所向,素履以往,努力不负韶华长。也许在坚持梦想的时候会遭遇一些困难,但是只要自己清楚努力的方向是正确的,心似明灯自然脚下有路。

允许事与愿违，
允许偶尔枯萎

花败了可以再开，
我们也可以偶尔枯萎。

～～～

01

早年喜欢在QQ空间发"说说"，现在只有接收消息的时候才会点开企鹅图标看一看。

某天忽然弹出一条消息，称空间有访客至。我手指一挑便滑了过去，而后又来了兴致翻看那些已经经历多轮更新但我也许久不曾使用的功能组件。翻到空间相册时，惊讶地发现有个相册居然设了密码。

探秘的兴趣抬头，挖掘自己的秘密更是丝毫不必顾忌。虽然我可以直接点进去看里面的照片，但既然兴致来了，我还是想以访客的身份看自己早些年的空间。于是我特意用了一个不常用的小号登录qq，然后进入刚刚的QQ空间，开始挨个儿尝试从前常用的密码。

轮流试过，均无果。

有一个好消息：当初设了密保问题，答对问题就可以进入相册；还有一个坏消息：我忘了问题的答案。

我当时设置的密保问题是：恐惧。

可恐惧什么呢？那个天不怕地不怕，正值意气风发时的我也会恐惧？

我思考了很久，没有头绪，最后在某条"说说"里找到了线索，原来那时我最惧怕的是"事与愿违"。

"愿"这种看似虚幻的东西对人而言还是十分重要的，几乎在生命的每个阶段，甚至在日常的一件事情中，都可能诞生一个"愿望"：比如"希望今天出门不要堵车""希望自己四十岁能实现财务自由"。

小小的"愿"未能达成，也可能拖垮一个人的精神，更不必说重要的"愿"未达成所给人带来的打击。

少年时的恐惧多么合情合理！

可仔细一想，现在的自己却很少怀有这样的忧惧之心了，难道眼下生活太过顺利了吗？我回想着，确认了自己还是时常的失败着、失望着。

比方说，某个阶段我曾心血来潮想要成为一名手工博主，但是不大聪慧的手跟不上过于澎湃的脑子；于是灵机一动，决定成为一名"失败的手工博主",即展示自己的各种"翻车"过程以供人参考、娱乐。最终做"失败的手工博主"还是失败了,因为热情过后长久以来的"手残党"标签又贴了回来,并在思想上加了一道否定的印记。

有位和我关系十分亲近的女士,早在我的计划还仅是个计划时便给我打足了"强心剂",称我"构思极妙,必成事业";后来彻底失败,她又愧疚起来,觉得此前将我捧得太高,这下可要"摔惨了"。

但我只觉得这是择业创业上的一次失败,不过是排除了个错误选项而已,不至于为此伤怀落魄。

闻此,该女士大为感慨,连连感叹:长大了,长大了啊!

原来这样就是长大了啊。

正如史铁生《好运设计》中所言:"大劫大难之后人不该失去锐气,不该失去热度,你镇定了但仍在燃烧,你平稳了却更加浩荡。"

一次的期盼落空不代表往后余生皆空空。当你埋下的一粒种子没有结出预期的果子,我们还能收获它的花叶、它的树荫;我们也不必非收获什么不可,自去埋下一粒新的种子,待它生长、发芽。

如果命运不肯施与宽容,我们为何不对自己宽容一点呢?

02

每年都有很多年轻人带着梦想开启创业之路,但现实的风急浪高并非一腔热血便能抗衡的,一场场失败会毫不留情地击碎很多人的创业美梦。

有个名叫耀耀的姑娘喜欢咖啡,她觉得坐在咖啡厅里一边轻啜咖啡一边看书、写字,享受午后的阳光或旁观窗外淋漓的细雨,便是再美不过的画面。为了实现心中这份"美",她决定开一间小小的咖啡馆。

她押上了自己的全部身家,整日里忙前忙后,拿出最真诚、热情的态度对待员工和客户,希望和他们成为家人、朋友。在每一个通宵达旦的日子里,耀耀想着自己幻想中的场景,心里就涌出无穷动力。

但是,耀耀的咖啡馆还是倒闭了,在发生了咖啡师离职、客流量回落等一系列事情后。

耀耀只觉天塌地陷。此时的她梦想破碎,唯余债务。她说,最无法接受的是,不知道自己败在了哪里。是模式不佳、管理不善,或者只是欠了些天时地利?

"弄不清楚原因,不就再没指望重新开起我的咖啡馆了吗?"耀耀满心落寞。

很长一段时间里，耀耀都好像被抽干了精气神儿。即便身边的人都劝她不要再冒险，踏踏实实找个班上，把欠的债务还了，但她总也不甘心，仍然时不时地回忆她的咖啡馆，将那时的收支账目、方案策划等材料反复查看、分析。

为此，她还不断地观察各种类型的咖啡店。定期还债、节衣缩食，生活是她从未经历过的潦倒模样，但咖啡必喝、咖啡店必去，任谁都瞧得出她有浓浓的不甘。

对于有些人来说，"失败"能起到"永动机"般的神奇作用。曾经的失败会驱使他们不断地采取行动，直到成功或者再无力成功。可是，有的"失败之花"会得到"释然"的照耀、"勇气"的浇灌；有的"失败之花"却遭受着躲闪的目光，又被紧紧攥在手心。

对于耀耀来说，"我怎么会失败"的念头始终纠缠着这个心思浪漫的年轻人。她无法安心于现下的工作，每一个岗位对比之前的创业都显得黯然无趣。所幸，耀耀遇到了一位包容宽和的上司——她新工作的直属上司在她神思不定地搞砸了一个任务后，主动与她谈心。

了解到耀耀的经历后，上司没有指责她的"三心二意"——在现在的岗位上还不断分心于自己的创业梦想——而是耐心地与她分析：你所设想的咖啡店，究竟是一个卖饮料、卖配套甜品的地方，还是一个有故事氛围、供人歇息或沟通事务的场所？这两者营销的方向不一样，对资源的投入要求也不一样。

耀耀猛然一惊。她想象中的场景当然是后者，可实际操作的模式却是前者，况且她所拥有的资本也只能支持她靠着饮品、食品的销售额来运转。

见耀耀的思维明显又飞向了她的咖啡馆，上司叹气："你这么想实现你的梦想，也一直为它努力，可实际上呢？你心里憋着的是一腔动力还是执念？"

耀耀不解地看向上司，不明白她口中"动力"和"执念"的定义。

"你来工作是为什么呢？为了重新积蓄资本开店不是吗？可现在你有认真积蓄资本吗？你当然应该去了解不同咖啡店的经营模式，可谁会随便把自己如何获客、主要营收项目告诉一个来喝咖啡的人呢？哪怕你像有的电视剧里那样一人打几份工，快速赚了钱再重开一次店去体会，也比不好好工作、赚不到多少钱还要花费很多钱在不太必要的项目上强吧？你现在的进度，向着理想推进了多少呢？"

上司恨铁不成钢似的吐出一串话，发觉耀耀脸色发白，又放慢了语速："你呀，被困在失败里了。走出来吧，不要盲干、莽干。失败本身不是大不了的事，可你总惦记着那次摔倒，那次美梦崩塌，你就会在失败的迷宫里不断打转，永远也走不出去。"

"我没说不公平,也没有抱怨,我说我知道了。"

刷手机时看到这句话,我被狠狠击中了,脑海中闪现出一个个因失败而歇斯底里的面孔。我一贯觉得,受了委屈要倾诉,遇到不公要抗争,无论有没有人在乎自己,起码自己要在乎自己。可"失败"这回事简单又复杂,若抱怨,则报怨。就像梅雨季拆封的吸水纸,被连绵的潮湿浸透,直到一塌糊涂。

记挂着失败的人,往往成不了愚公、精卫,反而容易被山海所围困。

倘若一件事情"错了"或"未及",别为此昏了头,大多数时候失败只是失败,天没那么容易塌下来。

03

接到了久不联络的小程的电话,一上来便急匆匆问我"方不方便,有时间吗",得到肯定答复后立即"噼里啪啦"一大篇的话。

之前,小程被卷入了职场斗争,因公司某业务部门管理层候选人的身份遭了小人的算计。

其实,她本无所谓要不要更进一步,但上级提名她就应了,没想到是和好几个人竞岗。她所在的部门是新组建的,工作内容上和销售、服务、策划等老牌部门有牵扯,所以各部门都想往里塞点"自己人"。

被调入这个新部门后,小程现在的上级和她出身同一部门,因此显得更亲厚些。所以上级作为新部门里话语权比较重的一个领导跟她提升职的事，她还以为是领导们内部有决议了，给她透个消息。没想到透消息是透消息，但真实消息并非"领导们选人的意向是小程"，而是"多举荐几个人让他们争"。

小程并不为此失落。她本来有这个自信能直接晋升。既然有自信，当然不介意用竞争的方式上岗。

"就算是输给别人也就是技不如人而已，没什么大不了的。"小程语带愤怒，突然拔高声音，惊得我下意识偏头远离手机。

在评选的关键阶段，小程的下属突然犯了一个可笑的错误，捅了一个不大不小的娄子。然后"不敢上报"的下属遇到了"心怀善意"的某个竞争对手，在小程没来得及行动前收尾了大半。

最后，该竞争对手上位中层管理，犯错的下属也被转到其分管下的小组，而才收拾了一半的烂摊子还得小程继续负责。

从头到尾听完这部"职场短剧"后，我正要好好安慰一下平白沾了一身晦气的小程，她却已平静下来："不用安慰我，能打电话给你，我基本上已经自己调节好了。就是跟你吐槽一下，然后也就过去了。"

小程格外豁达地说着"输了就输了，不值当压在心里折磨自己，又不是没输过"，忽然话头一转："但只是说对我的心理伤害停止了，可不是我就此躺平摆烂了！"

小程允许自己失败，所以她不会轻易被失败的分量压垮。她就像一棵树，起了风就摇摇叶子，结了果便垂下枝头，此后风雨轮转、四季更迭，还是作为一棵笔直的树屹立人间。

有时零落成泥，有时极尽妍华。我们的一生枯荣无定，并不总是在开花。

但不承认败落者和自甘于止步者一样，会陷入泥沼中挣扎。只有输得起的人，才能将每一次摔倒，转化为下一次的蓄势待发。

人的一生，
唯一的 KPI 就是坚持做自己

人本来就不必为他人的言语而活，
人活着是为了找寻属于自己的快乐！

01

对于很多打工人来说，公司团建就是一道避之唯恐不及的职场枷锁，却又不得不面对。但偶尔的意外惊喜，或许是一瞬间，却会恰到好处地抚平团建本身带来的焦虑和烦躁。

我之前所在的公司，每年都会组织两三次团建活动，大多是一些聚餐唱歌的简单活动，按理说这种团建形式应该会让人感到放松愉悦。但是，公司领导平时比较严格，还有点暴躁，在团建时也表现得不苟言笑，以至于我和同事们对团建的期待值非常低。

有一次，为了欢迎新来的几个同事，公司组织了一次团建活动。在唱歌环节时，有一个新同事郑姐，随着女团音乐来了一段舞蹈，虽然她已经40多岁了，但她的每一个动作都很和谐顺畅，每一次转动都很灵动可爱，我和其他同事都为她尖叫呐喊。她的这段女团舞蹈，也让这次团建活动成为我日后偶尔想起来就感觉愉快的画面。

团建结束后，郑姐跟我们说她其实才学了一年多的舞蹈。因为在几年前无意中刷到过一个女团的舞台视频，那种仿佛承载着无限的生命力、永远保持青春活力的样子，让她心神驰往，从此她就开始看各种女团的舞台视频。

郑姐说她早些年就想学这些女团舞，但是身边并没有人支持她，都说她"已经结婚生孩子了""年龄也不小了""学那些小姑娘跳的舞有什么用"。而她下定决心的契机，是她在手机上刷到一个银行职员趁着休息时间自学女团舞的视频。

从那以后，她开始报班学习，每周两节课，坚持了一年多。也是那时她才发现，原来坚持做自己想做的，是这么快乐的事。

人生漫长，无须被年龄束缚，因为任何时候都可以开始做自己想做的事，也无须浪费时间去追求他人的认同，而是应该坚持做自己。就像郑姐一样，不被他人的言语裹挟，只为自己内心的向往和快乐而活。

无论被贴上什么样的标签，是母亲、女儿、打工人、年轻人，还是中年人，都没关系，因为能定义人生的只有自己。每个人都有独属自己的故事，别人了解与否无所谓，无须在意他人的言语和目光,坚持最真实的自己,做自己想要做的事。

实际上,怨恨的源泉就是妥协、放弃和曲意逢迎。

只有坚持做自己,过最本源的生活,在自己热爱的世界里闪闪发光,人生才会阳光普照,幸福才会花开满园。找不到答案的时候,就安静停靠,仔细倾听内心的声音,然后大大方方地做自己,无须讨好,无须抱歉。

因为,最珍贵的东西是自由,最幸福的东西是平淡,而最快乐的事就是做自己。所以,用最好的状态面对人生吧,每天醒来,面朝阳光,嘴角上扬,努力做最好的自己,活成心中向往的模样。

02

前两天,和家里长辈聊天的时候,听她们提到了以前的邻居,说是组团爬山的时候遇到了,就彼此聊了一下近况。

这个邻居家里有一个女儿和儿子,年龄都比我大一些,我对其中的姐姐印象深刻,因为她长得非常漂亮,人又特别温柔,我一直叫她"薇姐"。小时候,薇姐经常带着我在家门口玩,以至于后来她搬家了,我还为此难过了很久。

家里长辈和那位邻居加了微信,因此我看到了薇姐现在的样子。她还是那么漂亮,我甚至觉得她一点不逊色于大明星。

"薇姐这些年怎么样?"我高高兴兴地问。但长辈没有回馈给我一份纯然的快乐——"她前些年过得挺辛苦的"。

当年她家搬走是因为家里的小本生意赔钱了，没办法维持日常的生活，所以只能回到老家农村。由于家里经济条件不允许，高考后她就没有再继续念书，而是直接开始工作。我记得薇姐很爱看书，我曾经借过她很多书，每一本都仔仔细细包着书皮，还夹着好看的便笺纸。

长辈说，那位邻居谈起薇姐还在叹气，觉得自己这个女儿看起来柔柔弱弱，但实际上太倔了。因为长得漂亮，早几年也有一些条件不错的人追求过薇姐，家里都希望她能尽快结婚，为了自己，也能补贴家里，但都被她拒绝了。

薇姐工作之后就一直在攒钱，参加了成人自考，前些年又申请了国外留学。直到现在，薇姐的家里人还是不能理解她。而我却在替她开心，也在替她庆幸，庆幸她坚持了本心，没有委屈自己，才能拥有更多人生的可能性。

人的一生，最重要的就是成为自己，而不是盲目听信他人，就像薇姐一样，不会因为他人的疑惑为自己带来烦恼，也不会因为他人的无知而让自己痛苦。

生活是独属自己的舞台，而非他人的秀场。

因此，我们无须迎合他人的期待，无须委屈自己，只须听从内心的呼唤，坚持自己的原则，然后展现最真实的自我，让自己的人生更加通透。

然而,"做自己"说起来简单,做起来却很难,但再长的路,只要坚持,也会一步步走完。就像歌词里写的"肆意地在草地上奔跑,要肆意奔跑白天到晚上,直到我看见天空变微亮,也想要变成鸟儿在飞翔"。

坚持做自己是一种生活态度,是一种人生选择,也是一种不被外界左右的勇气。只有勇敢地面对流言蜚语,不随波逐流,不被世俗所束缚,才能活出最真实的自己。

所以,每个人都要学会做自己人生的掌舵人,在万变之中坚守不变的自己。

03

据说,每个人到了一定年龄后,都会开始觉醒一些东西,比如养花、喝茶、囤物、种田、钓鱼等,被网友戏称为"血脉觉醒"。而我原本就喜欢养花,现在又开始对田园生活莫名向往。为此,我在网上关注了很多记录田园生活的博主,其中有一个刚刚大学毕业的女孩子让我印象最为深刻,粉丝都称她为大福。

大福的运镜和画面构图能力显然非常出色,她的视频内容像是充满宁静与和谐的自然画卷,看起来并不像一个普通的生活场所,更像是一种远离喧嚣的心灵归宿。我翻看了她之前发布的所有视频,才发现她原来是个宝藏博主。

大福最初发布的视频里,几乎都是她自己翻盖房子、修建院子的内容,由于家里不支持,启动资金紧张,整个房子加院子都是她自己翻修的。这是她家废弃多年的老房子,父母早在她出生前就搬到城市里,每年假期她都会随着父母在老家陪着爷爷奶奶待几天,广袤的田野、满天的星空,这都是她在城市不曾看到过的,每一幕都令她感到惊喜。但没过几年,爷爷奶奶也搬到了城市,于是她很多年都没再回来过。

大福说当别的小朋友梦想当老师和科学家的时候,她的梦想就是过无拘无束的田园生活,小时候只是喜欢在这里疯玩,长大后向往的是这种远离喧嚣的宁静和美好。但是,家里人并不支持她的决定。一个名牌大学毕业的学生,大概没有几个家长愿意让她如此"不思进取"。

大福在一次直播的时候说,她的启动资金是奶奶赞助的,全家只有奶奶在默默支持她,而奶奶对她最大的希望就是"要勇敢,最重要的是快乐"。

我想,大福的奶奶经历过漫长的岁月,最是懂得初心的意义,所以她希望自己的孙女永远做最真实的自己,做一个温暖的人,过一段快乐的人生,不受干扰,不留遗憾。

坚持做自己的这条路无比孤独,但孤独如雪,冰冷却可兆丰年。

岁月漫长,每个人都会逐渐了解自己想要什么,以及自己存在的意义,与其在他人的生活里跑龙套,不如做自己人生剧本的主角，取悦自己，去做一切让自己快乐的事。

在这个瞬息万变的世界里，坚持做自己需要难得的勇气和智慧，但只要不畏惧他人评说，勇敢做自己，保持初心，坦然面对生活，就能活成自己想要的样子。

人生的每一天，都应该坚持做自己，不在乎他人的言语和目光，始终相信自己是最好的，然后用心聆听生活的节奏，用爱去修饰日常的细节，迎接每一个独属自己的快乐！

第五章

**我们终将上岸,
阳光万里**

与其踟蹰不前，
不如华丽跌倒

只要不放弃，

就会所向披靡！

01

我一般喜欢在淡季的时候出来旅游，因为淡季和旺季拥有一样的阳光、一样的海浪、一样的麦田、一样的日出和日落，却没有人山人海，没有喧嚣吵闹。

某年年末，我打卡了一家麦田旁边的网红咖啡店。为我指路的路人兴高采烈地向我介绍，说这里旺季时人气很高，据说之前还有个剧组在这里取景，不过现在应当人不多。

这倒是意外之喜了。于我而言便像探险中意外寻到的宝箱。所以，我满怀期待地走进咖啡店，开启我的旅途"宝箱"。

天微雨，人迹稀，在咖啡厅窗边看过去，就像是我自己承包了一整片的麦田，虽然这个季节的麦田并不存在"风吹麦浪"。

大概是咖啡店老板的社交雷达响起，觉得应该和我聊一聊人生，所以她主动坐到我身边，我们俩就这样在窗边望着雨中"光秃秃"的麦田，开始闲聊起来，聊得多了，我逐渐开始佩服这位老板。

据她所说，这是她的第七次创业，卖瓜子、刷油漆、夜市摆摊、小区楼下小超市、书店、民宿，这些都是她一步一步走出来的创业经历。

创业艰辛，创业失败更为艰辛。但她在回顾这些经历时，并没有表现出任何的后悔或失望，而是娓娓道来，如同分享一段浪漫的爱情经历——虽然过程酸甜苦辣，但故事在心，如诗如画。

她说自己农村出身，也没有什么学历，刚开始就是在市场卖炒瓜子。有一次和朋友逛商场逛累了，朋友带她去咖啡店坐着聊天。她说这是她人生第一次去咖啡店，那种远离喧嚣的氛围有别于市场的忙碌，让她心驰神往，沉迷其中，从此她有了"难以企及"的梦想。

她其实并没有过多诉说创业的艰难，而是在说创业过程中的趣事，让我印象深刻的是她说："这条路不成功，那就换一条，总不可能我还没尝试过，就在半路放弃吧，而且就算失败了，起码我曾经努力过。"

创业的过程，哪来的事事顺利，而是需要一直坚持。每个人都有梦想，但惧怕失败，只会让梦想变成幻想。我相信，正是因为她有着不畏惧失败的品质，才会在一次次的跌倒中得到自己想要的。

比起寻觅桃源，不如建造桃源。

人生没有一步登天的成功，更没有从天而降的胜利。许多人会抱怨自己的人生过于平凡，生活过于平淡，工作过于平庸，但这一切其实都源于一个"怕"字。怕失去、怕摔跤、怕失败，更怕未知。但其实人生就是一条路，走路摔跤很正常，但这条路上每走一步都是不一样的景观。

只要不放弃，一切皆有可能。在通往成功的路上，需要持之以恒地努力，更需要强劲的抗压能力，在受挫之后仍然选择继续坚持。

然后在坚持不住的时候提醒自己，"想一千次，不如去做一次"。

02

随着年龄渐长，经历的事越多，我发现"故事源于生活"这句话一点都没错。以前总觉得是电视剧里才会发生的事情，原来在生活里更加狗血。

我有个很聊得来的朋友，很多人都说她的名字"秀莲"像五六十岁的人名，我倒觉得每每呼唤她的名字，都带着生机与安宁，就如她这个人一样。

秀莲是一个特别开朗的人，日常相处总是习惯性地照顾别人。认识久了，我才知道她的细心周到从何而来。秀莲的母亲年轻时因为一场车祸而失明，又在快要退休的年龄查出了乳腺癌，做完手术之后的一年内,秀莲的外婆和父亲相继去世,母亲术后一年情绪起伏太大,导致癌症复发。于是,秀莲只能辞掉工作,每天在家照顾她的母亲,她的细心周到也是这样养成的。

"麻绳专挑细处断,厄运只找苦命人"。当她跟我说这些的时候,我的第一反应是心疼,然后意识到,我觉"厄运降临",她言"这是生活",我能想到的生活不幸,原来只是她的人生经历。但她带着她的母亲积极看病治疗,并坚定地说"健康和快乐我都要"。

由于她很会做饭,所以在短视频刚刚兴起的时候,兼职了美食博主,每天分享自己的日常生活和做美食的过程。做着自己喜欢的事,也从中收获了一笔不错的收入。生活稍稍宽裕些,偶尔她会带着母亲去旅游。她说哪怕母亲看不见,也能呼吸到不一样的空气。

她的母亲我有幸见过一面,也是个乐观坚强的人,听我进门就乐呵呵地招呼我,让我吃水果。哪怕命运多舛,哪怕在人生这条路上不知跌倒过多少回,母女两人从没想过放弃。

命运不曾眷顾她们,可看着母女亲昵的互动,我又觉得她们并非一丝眷顾都未曾拥有。或者说,她们会自己给自己足够的温柔。哪怕命运已经为她们编撰好了故事的结尾,哪怕这是一场看似败得彻底的结局,但她们没有站在原地等待,而是一直阔步前行,享受着属于自己的生命盛宴。

"死不可怕,坐着等死才可怕"。对于一些人来说,人生的苦难和失败可以打击她们,却不能打倒她们。

有时候,人生的道路会下起瓢泼大雨,走在上面总是跌跌撞撞,让人狼狈不堪,让人痛哭流涕。坚持不住的时候,记得告诉自己,与其被恐惧包围而停滞不前,不如把泪水化作坚持的力量,用行动开启新的未来。

有句话是这样说的:"哭泣并不是因为我们软弱,而是因为我们坚强太久了,需要一个出口来释放积累的情感。"在人生的道路上,所有人都会品尝到汗水和泪水,但艰辛从不会白费。如果实在坚持不下去,那就大哭一场吧。然后,平静地对待荣辱得失,不后悔过去,不抱怨现在,不畏惧前路,用好心态过独一无二的生活。

03

我比较有健身热情的那段时间,经常跑步。天气炎热的时候,我有心做个"太阳落山我出山"的"阴暗生物",又想避开过于热闹的广场舞、棋牌会,于是特意选了晚上9点之后就近在公园里夜跑。夜晚实在美好,只有清风拂过树梢,安静冷清极合我心意。但看多了社会新闻,时常心惊,甚至会出现"不如明天不来了"的想法。

结果没几天,公园里的篮球场开始有几个小姑娘打球,那段时间她们每天都会准时出现,大概是夜晚的公园人烟稀少,怕几个女孩不安全,所以球场旁边的座椅上也总是会有两个家长等在那里。

有一次，我跑累的时候在球场旁边的座椅上坐了一会儿，和等在那里的家长聊了几句。

这几个小姑娘是中学生，因为学校组织了青少年篮球比赛，所以每天放学写完作业后会在这里训练。在之前的年级比赛中，她们得了女子组第一，接下来需要和高年级的学生进行比赛，决出最终冠军。几个小孩是赛事开始前临时组队的，有三个女生甚至在这之前从未接触过篮球，只是因为长得高而被选中。

家长嘴上说"之前年级比赛，是她们几个小孩侥幸得的第一"，但神态却不是，那明明是骄傲极了。接下来的对手，不仅年龄比她们大，甚至早就参加过别的比赛，所有人都觉得这几个女孩不会赢，所有人都觉得她们每天练习是在浪费时间，不如比赛时应付一下，直接认输算了。但是，这几个女孩即便不被大家看好，也不愿没有尝试就直接放弃。她们还在拼尽全力地去争取，哪怕最后失败了，也能坦然接受。如果成功了，那就是意料之外的惊喜。

后来，事务繁忙，一两次跑步中断后，心思开始懒了，我就不再去公园夜跑。某次我在小区遇见了其中一个女孩，她告诉我最后她们没有得冠军，但她们觉得自己"虽败犹荣"。女孩笑靥灿烂，说起"失败"时整个人似乎也在发光。

当成功或者梦想照进了现实，固然会让人惊喜，但只要为之努力过、争取过，即便是输了，那也是华丽的跌倒。就像这几个为了篮球赛而拼尽全力的女孩，她们努力的样子，就像耀眼的星辰，绽放着属于她们独特的光芒。

在追逐梦想的路上,每一滴汗水,每一次跌倒,每一声加油,都是幸运的伏笔,而敢于面对,敢于前行,才会将这份幸运牢牢地握在手心。

人生的路由自己决定怎么走,不必因他人的话而犹豫不决,心中想过无数次,也不如真正行动一次。

人生没有回头路,不必因焦虑而踌躇不前,行动起来,哪怕失败,哪怕跌倒,都要坚持到底。

"心想和事成中间,藏着一个勇敢的我",所以,带着勇气出发,无畏困难和挫折,去看看更广阔的世界,享受不一样的人生吧!

退一步海阔天空，
进一步乾坤浩渺

后退固然是种智慧，
前进才是最终抉择。

~~~~~

01

绒绒有一个设想，想要创办一个"读书会"。在和几名书友分享书单时，她信誓旦旦地表示自己已经有了绝妙的点子。

依绒绒的构想，要先建立一个读书账号，等到有些关注度后再转化为线上读书交流，最后才是线下读书会。

带着自己的构想，绒绒开始做"读书博主"，然后建了自己的"粉丝群"，当然，群名是"读书交流"云云。本来随着账号关注度提升，已经开始有商家找她合作，眼看事业步入正轨，结果各书友意见不合、争端频起，群里原本和谐的氛围急转直下。

绒绒开始有些无措，可想起自己的"创业梦"，她下定决心：要是连这些事都摆不平，也不用考虑以后了。

她制定了"群规"并设置管理员，对于有意在群里挑起争端的成员一律清退。这使她招来一些非议,甚至有人出言辱骂她此前的温和、善解人意都是装模作样。但当第一次线下读书会举办成功后,绒绒十分确信自己用对了方法。

其实绒绒向来温和有礼,从前她即使和人产生分歧,被尖锐的言辞挑衅,也力求自己发言有理有据,从不肯谩骂他人。她说,自己曾经非常喜欢一位写网文的作者,那名作者总是温温柔柔,即使评论区里有不妥当的言论也能情绪稳定地回复,所以很多读者都喜欢这位作者。绒绒理想中的自己便是和那位作者一样温和稳定的人,包括创建账号初期也抱着"我以真诚待人,人必以真诚待我"的念头。

"但我现在发现了,很多人口中的'退一步海阔天空'并不是让人有根据、有计划地行动,而是藏了使别人都习惯包容忍让的心思。以前我会担心误伤'好心人',但现在无论是谁,出于怎样的目的,我都会告诉对方:我一定要到更遥远、更广阔的地方去,谁拦着我就会把谁推开。"绒绒如是说。

后来,听说绒绒要将线下读书会作为每年的固定活动,她已经拉到了赞助,"读书会"相关项目也有了一定盈利,到了该"更进一步"的时候了。

绒绒曾提及,其实一路走来她不止一次生出退意。和书友群里的人争执时,她曾想"风平浪静";与合作方谈条件时,她曾想"海阔天空"。或许爱书的人天性都有几分柔软天真,很多时候绒绒几乎要主动做"让利方";因此她也时常庆幸,庆幸自己总能"悬崖勒马",及时觉察自己处于一个不该轻易退让的位置上。

"我只在一种情况下后退,那就是能将后退作为前进的蓄力时。"我记得绒绒曾不止一次这样讲。

有的人惯于吞咽委屈的苦果,有的人总不愿打破表面的平静,但属于我们自己的天高地阔、时和岁丰又何尝不宝贵?

正如人言:中流击水,奋楫者进;人到半山,唯勇者胜。

不是什么时候都要"既忍且退",我们不阻止一朵花追逐阳光,也不阻止一只鸟飞向天空,那么也不应阻止自己一次又一次决定启程。

02

有位养蛇的朋友,特别宝贝一条叫"小甜豆"的白底红环的小蛇。因我对此有些好奇,便时常能收到"小甜豆"的视频。

某天她发了一段小蛇捕食的视频,又神神道道地说:我发现,蛇最多只能向后缩一下身子,要退着走是做不到的。有进无退的猛兽啊,听起来还怪悲壮的!

从"小甜豆"那一对呆呆的豆豆眼里,我看不出任何"猛兽的悲壮",但"有进无退"这个词,倒叫我想起一段遥远的记忆。

老一辈人口中有个被叫作憨姐的,不知道是不是本名里就带个"han"音的字，总之是本地出名的厚道人。既然说人"厚道"，本应对其人品有所敬重，可一边说人厚道一边给人起绰号为"憨"，倒叫人觉得她是个受气包。

憨姐家里是卖豆腐脑的，平时谁要求来一勺特浓的浇头、揣走几瓣大蒜都是小事，就有几个伶牙俐齿的额外拿个烧饼、顺走两根油条，说几句"乡里乡亲"的话把人一架，憨姐也就默许了。久而久之，谁都知道憨姐是好欺负的。

某日，两群游手好闲的小年轻约着逃学打群架，把一个上学迟到急匆匆路过的学生给卷了进去。

这帮打架的都是惹事的"惯犯"，可路过的那个学生瘦瘦高高似竹竿，一副长手长脚搅在雹子般乱砸的拳脚里只会碍事，显而易见是甚少调皮捣蛋的。

憨姐见了，忙喊道："人家不是你们一帮的，快放人家走，别耽误人家上学！"

打群架的这些人，小的约莫十四五岁，大的也许有十七八岁，热血上头，自然不是别人喊两句就冷静下来的，更何况叫停的是个子不高、一副老实相的憨姐。

此时上班上学的基本各自到了地方，这条路又少有人来，憨姐见周围没人能帮忙，竟忍不住上手去拉扯那些人。

据老人们所说，憨姐本来硬顶着拳头把卷在人堆儿里的学生拽

203

了出来，可那两伙人许是把她的行为当作挑衅，或者只是单纯火气旺盛，于是架也不打了，反而把憨姐两人围堵住，要那学生过去受打，并威胁憨姐交钱免打。

其实憨姐最开始是想花钱消灾，宁愿多出点钱好保两人平安，可是那些终日混日子的少年人非找个人来打一打不可。那被误伤的学生想劝憨姐别管他，但她绝不肯放任一个小孩被欺负，于是抡圆了装豆子的袋子，带人打出包围圈冲到主干道上。

突破包围的时候，即便身材矮小、性格柔软，也不妨碍她做一头不肯退让的猛兽——有些人认定了要做一件事情，就会豁出去，无论如何也不后撤一步。

素来喜欢息事宁人的憨姐敢动手反击已经足够令熟悉她的人感到吃惊；被打学生家长报警后，那群人的家里想要大事化小，找上憨姐，她却不肯松口，执意要让那些人受教训，这更叫人诧异。

那时人们的法律意识还比较淡薄，这种"半大小子"结成的混混群体在小地方很是常见，人们通常也不跟他们计较。一来对方既占着"孩子"的身份，又可能有着亲戚朋友的情面；二来也忌惮他们不知分寸，下手没轻没重。

可憨姐只翻来覆去说一句话："这样的事，不受教训怎么行？"

直到被打学生的家人带他去了外地读书，人们逐渐也淡忘了这件事，才有人听憨姐无意提起。她一直都觉得，那学生无辜被打，

204

如果她为了点赔偿就转了口，不是影响人家讨公道？

有了解内情的人问她："当时你怎么不这么说？大家都觉得你突然转性了，不依不饶起来。"

憨姐憨憨地笑："我嘴笨。"她不知道怎样说才不至于为那学生一家额外添麻烦。说不定混混们原本没想起要报复学生家，结果总听她提起来，就"咽不下这口气"呢？

至于憨姐自己怕不怕报复？她承认自己怕的，但——"退不得"。

有些事情，谈不上"进退"；有些事情，容不得"不进"。

很多事情会被我们自己计入"不值得计较"之列，所以大可以停一步、忍一时。可在人世间行走的人哪里会尽是"不值得计较"之事？凭着一点良心，一点原则，以及一点对自己与对世界的期许，凡与这些沾染了的，我们就只能计较着迈出步伐。

心里要放上一把尺，才好知道该向何方移几许。也只有这样，才能成为世人看来"能退更能进"，而我们眼中不曾踌躇止步亦不曾畏缩溃逃的人。

03

伊伊做酒店管理，入职经历可用"误入"来形容。她本性内向，不爱与人交际，只是一时手头紧，所以找了份客房服务的临时工作来支持生活。本来作为客房服务人员,她只要在客人退房后进去查看一下有没有客人遗落物品,或者酒店配置损耗,然后把房间收拾成能随时住人的干净整洁模样即可,所以她觉得这工作听起来没什么"出息",可暂时做一做还不错。

伊伊性格认真,干这份活愈发得心应手,然后被负责人看中,提拔她做了客房主管。

后来,酒店经理要调到别的城市,临走前推荐了伊伊接任自己。由于经济上确实拮据,了解过经理的工作内容后,伊伊同意了。

这时候,伊伊其实已经逐渐对这份工作产生了感情,但一想到前经理那八面玲珑的样子就心头发怵——她不敢想象自己要怎样才能面对那么多员工以及形形色色的客户。

但是前经理在她最困难的时候帮助了自己,又时常悉心栽培,她也对酒店产生了一定的感情,所以她又有些犹豫。

前经理劝她:你要是性格厉害些,我也不多说,反正到哪里都行。现在呢?你不敢接手酒店管理,一辈子做客房主管吗?或者换别的工作,也能做得下去吗?

"人呢,不进则退。当然有时候退也是进,总之你别卡在中间。"在前经理的这番话下,伊伊决定更进一步,争上一争。

"和很多人比起来,我的性格不太能闯荡社会。但我也有改变生活的想法,有机会出现在面前我也想抓住它。更何况,还有之前的经理一直在推着我、拉着我。我知道,无论走到哪里都是这样子的——要么选择进,要么选择退,留在原地被动等待结果是最要不得的。"

在把酒店经理一职坐稳后,伊伊再回首过去,忽然产生了一个念头:如果当初自己不争取也不离开,仍在老位置上等待新领导的安排,或许凭自己的性格会被一点点边缘化,浪费大好时光,最终得过且过。

有所求者,必有所为;无所求者,亦需有为。

人世是一条奔流的河,但不是所有人都能顺流而行。如果处在逆流的方向,即便你只想要"三餐四季"平淡稳定,也不能原地停摆。

或许你一生只辗转于方寸之地,也必须把"进"刻在骨子里,无论"长驱挺进"还是"以退为进",总归要前进,而不是做"不动不变"的顽石,在人世中慢慢消磨自己。

哪有那么多天纵之资，
不过是一腔热忱不息

总该做点什么，
总能做点什么。

01

经营着一家小型养殖场的小聿最初是做农家乐的。相比大城市的生活，她更愿意回到自己的老家，守着长辈留下来的两三亩地和一间小院子。

所以，她拿出自己的积蓄重新规整了院子，又将自己的田地打理成适合"都市人"体验生活的样子。

但是，小聿的农家乐始终不温不火，毕竟她所在的地方也没个能吸引人不远千里来一趟的"热点"，不过周边人偶尔开车来玩一玩罢了。

这时，有位客人跟她建议："你这里的鸡肉是真的好吃，能不能拿到市场上卖呢？"

小聿一想，自己院里养的这些鸡确实称得上是招牌菜了，不止一个人夸过好吃。

小聿开农家乐，还要考虑从院子到园子，如何打理成客人喜欢的样子，要是专门把肉、蛋等产品拿出去卖，还省了很多心力。

于是，小聿将自己的"农家乐"转型为"家庭养殖场"。

如果以为从此小聿就借着满院走地鸡的翅膀"一飞冲天"，顺顺当当成为如今颇有身家的老板，那便想岔了。

其实，小聿并没有很多的养殖经验。

开"农家乐"时，她养得少，又肯花精力。那些整日溜达着捉虫子、捋草籽，还时不时有美味玉米粒加餐的鸡过着潇洒的生活，自然体格健壮、肉质鲜美。现在养了一大群，再按照从前的方式，成本高、出栏慢不说，赶上某种流行病害，小聿这个"入门选手"都没来得及意识到发生了什么，群鸡便全军覆没了。

有人劝她，你不是干这个的料。

可小聿骨子里是有几分执拗的，不然也不会体验过"田园生活"后还不肯回到繁华的城市。

这时的小聿已经从未成的事业中找到了趣味，便不会轻易放弃。

"我不是干这个的料，那我是干别的什么的料吗？有人说我不是读书的料，让我别一门心思读书考学，我要是听了，恐怕现在连病害防治资料都看不懂；有人说我不是自己当家做主的料，要我去打份工找个老板扛事，可我自己经营农家乐也挣了口饭吃，开养殖场到现在也都是自己办手续、拿主意。"小聿不爱听那种话，无论谁劝，都不回头。

谁是有天赋的？什么程度算有天赋？只有有天赋才能成功？只要成功就一定归为天赋？

一本文摘里记录着这样的文字：看似不起眼的日复一日，会在将来的某一天，突然让你看到坚持的意义。

成为一个闪闪发亮的人说来也易，只要你在前方立起一杆旗帜，然后一步步地走过去。不少人抱怨"人生开局是烂牌"，但只要你愿意，同样可以玩得尽兴。

据说，如果你瞄准月亮，即使迷失，也是落在璀璨星辰之间。反之，即便你生为明月，若不肯费心捕捉多一抹亮光，终究会在闪耀的群星中销声匿迹。

世界不独属于天才，也属于每一个执着的普通人。

02

我认识两个学琴的人，一个弹钢琴，一个弹月琴。

认识弹钢琴的人时我年纪尚小,常听着老师或家长们夸赞他的天赋。

"钢琴"后来与我熟悉了,私下里说不喜欢别人夸他"聪明,一学就会"。那时候我不理解,直到他后来专修音乐,有一天在朋友圈发了一段视频,是他在琴房里练琴。

他的手在黑白琴键上飞跃,灵活而充满力量感,神情投入,如痴如狂。他是喜欢钢琴的——此刻没人能质疑这一点。

有人留言夸他:怪不得从小大家都夸你有天赋。

"钢琴"很快回了一句"别这样说"。看起来似是谦逊,但我想起他很多年前说过不喜欢别人夸他的天赋,怎么看都觉得他这话里有点不高兴的意思。

我回放了两遍视频,发觉他的手似乎有点不对劲,便去消息问他。他答:"练琴冻的。"

原来手上长了冻疮是这样的!

据"钢琴"说,其实他们的琴房有做保暖措施,但是待得太久了,还是需要喝几口烈酒暖暖。

我本想告诫他"烈酒御寒"不可取,转念一想,"不可取"的后果不是已经鲜明呈现在他手上了吗?琴房里的饮酒暖身,仿佛饮鸩止渴的翻版。

这时,我忽然理解了,为什么他讨厌别人夸他的天赋,因为一句"聪明"掩盖了数不清的汗水。

所以，认识学月琴的朋友时，我便注意不要随便夸人家有"天赋"。但总有人喜欢把"天赋"拿出来说事。

因为月琴相对来说是个冷门乐器，所以她练琴时很多人都会好奇。然后围观的人群中，有的夸她天生聪慧，也有的说她没点灵性。

"月琴"照单全收，丝毫不为外界言语困扰。

我与她"论天赋"时，"月琴"这样回答我：

其实教我的老师说过我的天赋不算好。听人夸我天赋，我会想，自己的努力补足了"先天不良"；听人说我没天赋，我会想，即使没天赋我也练到了敢在大家面前表演的地步。

提起"月琴"，人们容易先入为主地联想到一个谦和、温润的形象，可我的"月琴"朋友其实很有些桀骜。

在"月琴"眼里，天赋并非不重要，但凡围绕"天赋"展开的评论都不值一提。

她用演出举了个例子。在登台演出时，听出源自天赋还是苦功，是听众自己的事；为了撑起这场演出，背地里伤腕伤腰伤脊柱，是演奏者的事。"我弹了，你听了，有缘分就再弹再听，没缘分就算了。我自觉功夫尽到，不必惭愧，也不必遗憾。我弹琴只为了给自己一个交代。"

两位朋友在乐器上的"天赋",身为外行人不做评论,我只觉二者虽非同一类人,却有共同之处——热忱与努力。

在很多故事中,热血往往与冒险相联系,因为那是"一段未知的征程",没有人能保证自己是为命运所钟爱的勇者。

在现实的世界里,"资质"是一张入场券,天资卓越的人固然可以享受命运的"VIP赠礼",可更多人以"向往"为燃料,用不肯冷却的热血支撑过寒冷的隆冬,倔强地走向遥远的、高居云端的殿堂。

"每一个优秀的人都有一段静默的时光,我们把它叫作扎根。"

我们无法让自己成为一个"先天优异"的人,却可以为着成为一个优秀的人而忍受向下扎根的静默时光。

03

"废柴逆袭"的桥段,小说见得多了,生活里却少。大概是因为,保持热忱、坚持努力本身是难得的本事。

某天遇到大学话剧社的社长,她比我小一届。我认识她的时候她身上还有着鲜明的"军训痕迹"——黝黑发亮、粗糙潦草,登台上妆一个人用完大半瓶粉底。过了一年,话剧社筹备着扩充力量,她成为社长候选时,晒黑的地方还没有完全恢复。

社长见我还是和在校时一样,热情恳切地唤着"学姐",告诉我她在家里的支持下组建了一个剧团——"自己写剧本,场地租的，酒店、茶楼、文化馆四处流窜，有个台子就上"。她还特别向我提起了湘湘。

我回忆了一阵子，大概记起那是更小一届的一个女孩。我隐约记得她本名并非"某湘"，不过我知道她时社团里就都这样叫她。

社长主动提起湘湘是个令我比较意外的事，因为社长曾经为要不要让湘湘正式入社的事和人争执过。

每到新生入学季，话剧社就要借着"新生舞台"考察有潜力的人。多年的定例，至少文学专业的新生是每班都要编排一出剧的。

而湘湘是新生中特别踊跃的一个，但可惜她的台上表现并不出色，幕后工作也没有十分得当——当然，这种力求全员参与、团建性质的演出，谁也不会强求新生们有多好的表现。说到底，社团派去的"技术指导"才是剧目排演的主要负责人。

可湘湘很有"强求"自己的意愿，她希望能够加入话剧社，提出可以为剧团打杂，只要允许她跟随学习。

学校社团"零基础"入社十分常见，但当时还未成为社长的社长表示了反对。因为湘湘对角色的阐释和表现十分片面，舞台表达能力也有缺陷，她又明摆着不肯只做幕后工作。可社里能组织几回学习、几回表演呢？难道一学期甚至一学年好不容易筹够资金排了一出剧，就叫"湘湘"们上台挨骂吗？可入了社又不给上台机会，准许湘湘加入又有什么意义？

然而热情且执着的湘湘还是入社了。她说："不争取机会，就永远学不会。"

后来,社长从候选人正式成为社长,她决定除了公开演出外,社团内部也要增加一些"小舞台"活动——"免得表演能力不足的人始终没机会体验登台的感觉"。

眨眼多年过去,湘湘留给我的印象还是"凭实力留在幕后",但她已经成为一名演员——在社长的剧团里。

生活里总有几件出人意料的事,比如湘湘成了剧团演员,比如社长接纳了她的"头痛源头"。

被问及"为什么"时,社长开玩笑似的说:"可能上天确实封住了她表演的门,可也没限制她打洞的能力。"

现在湘湘不仅总结出适合自己的表演技巧,有了自己撑得起的角色类型,还因为听惯了喝倒彩的声音养成了不怯场的心态,反倒成为社长口中能给"草台班子"兜底的人。

"她的出路在哪我不知道,我的出路在哪也不好说,"社长笑嘻嘻的,脸上不见忧愁,"反正我们都不是什么天资纵横的人,除了挺一挺、往前走,还能怎么办?!"

看着社长一如既往坚韧有活力的样子,我忽然忆起了湘湘——那是十分热忱的、眼里闪着光的面容。

"站在最高处的石头便是星辰",有的人确是石头,可现在也闪着光了吧?

"在被打倒之前,我总该做点什么。在被打倒之前,我总能做点什么。"从前在社团编排原创剧本时,大致写下过这样的台词。也许失败早晚会降临,就像太阳东升后总要西坠,可就像某个小说所描写的:"人必有一死,所以现在就不活了吗?"

我们也许最终攀不上顶峰,难道就要躺平在泥土里了吗?想来能饱览山顶风光的人,未必天生善于攀岩,也未生出宽大有力的翅膀,他们之所以看到别人看不到的风景,只是别人不曾如他们般一直一直向顶峰爬去。

如果运气不好，
那就试试勇气

或许有时候，
你缺的不是运气，而是勇气？
不妨大胆一点，试着把不可能变成惊喜！

01

我有一个大学同学，同级但不同班，以前在学校碰到会聊几句闲话，现在是朋友圈互相点赞的交情。她有一个令人十分难忘的特点，就是没"考试运"。

据我所知，在大学期间，第一年里便有老师十分惋惜地找上她："怎么这样不细心，这根本不是你该错的题！差一点综合成绩就可以算优了，可惜了你那么高的平时分，你平时的作业做得多好！"同年她也是差一点分数，与奖学金失之交臂。

她跟我说过，她高中学习特别好，每次都是班级前几名，但高考成绩比平时模拟低了三十多分；中考也是，本来按平时成绩，她可以去省重点的，但最后去的是市重点。

她曾觉得自己可能是心理素质不佳，因此经常给自己"模拟考"。可除了莫名其妙的低级失分，考试周的她还会发生寝室只剩她时闹钟不响、突然吃坏肚子、走去考场路上被绊倒等倒霉事。

从大学毕业到现在，将近10年的时间，我与这位在脑海中留下深刻记忆的老同学保持着低频但稳定的联系。某天，她忽然告诉我，她考公成功上岸了。

没记错的话，要毕业那会儿她就在准备考公了。

我莫名感到荒谬和震撼。她一开始还打字，后来大段大段发起语音来。刚听起来她好似比较镇静，但话讲多了，嘶哑的嗓音便暴露出来。那仿佛大喜大悲后的平静，让我担忧她会上演一段"范进中举"。

不过，讲完这些年的经历后，她似乎彻底放松了，语气转为欢快："我知道，你不会笑话我。"

当然，我不仅不会笑话她，还很佩服她。

当时，我也只是感叹她的考试运气确实差了点。但失败的次数太多了，我慢慢对她生出敬意，因为她面对的不只是考试这件事，而是身边人的审视和不理解，还有来自"运气差"这三个字的打压。

而她自己却不会为"运气差"而摆烂，她一直保持勇气，一直在坚持。

我总是相信她的，因为勇气、智慧和运气这三种东西，她已经拥有了勇气和智慧,还有什么理由会不成功呢?

过去经历的,无须忘记,但要学会放下;现在拥有的,需要珍惜,学会把握当下;未来期待的,需要努力和运气,但更需要勇气。

勇气,其实就是经历无数次的失败后,依然抱有热情,依然心存期待。人们往往将失败与运气不好混为一谈,我却觉得这只是一种自我安慰的错觉。因为有时候,没有感受到"好运",常常是因为没有鼓足勇气坚持下去,才与所谓的"运气"失之交臂。

曾经在综艺节目里看到一句话:"晚霞弥漫,时间不早也不晚,能把握住的灿烂,名叫现在。"而人生就仿佛一首动人的诗篇,只要在当下鼓起勇气,就会遇见美好的自己。

有勇气面对失败的过去,也有勇气追寻不确定的未来,享受人生美妙不外如此。每个人都可以拥有勇气,但拥有勇气的人却很少。那些恣意人生、享受自由的人,他们的一切并不都是好运带来的,而是有勇气去追求,有勇气去坚持。

从古至今,每一个人生潇洒或站在巅峰的人,都曾经历沧海桑田,他们不仅底蕴深厚,也一直在勇敢地做自己,所以才会让人向往。而没有勇气,就只能站在人生的始发站等待好运的到来。

所以,无须羡慕,无须考虑太多,趁自己还有热血,勇敢去做,勇敢去尝试。

"人时也许尽，人世依旧长"，当学会用勇气面对人生，总会得到意想不到的惊喜。

02

基本每个小区都会有流浪猫的存在，我所在的小区也不例外。

小区楼下去年新开了一个便利店，店主是一个40岁左右的女人，她虽然不是很擅长闲聊，但总是会笑眯眯地对待每一位顾客，令人"如沐春风"便是她的写照了。

有一次我去便利店买零食，门口几个阿姨坐在那儿聊小区里的流浪猫小白，她们说最近总是下雨，天也越来越冷，小白怕是活不了几个月了，真是可怜。

当时，因为小白比较怕人，我本想着过几天联系一下救助站，看看怎么帮这只小猫过冬。结果，没几天就听说便利店老板把小白带回家了。

老板说，那天晚上这只小猫赖在门口不走，看见她就喵喵叫，和平时不一样，当时的它一点也不怕人，一直紧贴着她的腿，于是她犹豫了一晚究竟要不要养它，毕竟这也算是要承担一个生命的责任。第二天，她开门营业时，小白从店旁边的车底钻出来，一路喵喵叫着跑到她身边。

一向胆小怕人的猫向你奔来——这足以打动和善的店主。那一刻她不再犹豫，直接把小白抱进了店里，晚上关店后就带回了家，因为她害怕一不小心没看住，小白再次成为流浪猫。

小区里的邻居偶尔提到小白，总忍不住感慨它的好运气。而我却觉得，小白是一只勇敢的猫。它明明不够幸运，从出生就一直在流浪，但它足够勇敢，所以当它主动争取后，得到了属于它的幸福"猫生"。

其实很多人都有过犹豫踌躇的时刻，但抱怨自己的不幸却不肯直面问题的行为，有的人只做一次，有的人却是"一直"。

不是所有人都像小白一样，敢于克服自身的怯懦，为自己奋力一搏。

人生其实是没有奇迹的，只有不断坚持、注入勇气，才能把努力变现为成功和惊喜。

在通往美好灿烂的人生路上，也许会因为运气不好而多走很多弯路，但运气并不对你的人生拥有最终解释权。出门遇上下雨，与其抱怨，不如撑着伞去买一份甜甜圈，送自己一个甜蜜的美梦；遇到阳光暴晒，与其抱怨，不如多走几步，找一个心仪的小店，吹着空调，感受生活的美好。

人生路漫漫，无论是哪个方向，都有可能遇到波折，也会遇到未知的惊喜。而这些半路的惊喜，都需要先去勇敢探索，然后才能收获满满。

有的时候，当拥有足够的勇气，就会拥有足够的运气。或许，运气不会直接降临，只有勇敢去面对困境，运气才会随之而来。因为，勇气会创造更多的机会，会令人在面对问题时更加从容。

03

寻常人的生活大多平平无奇，就连伤心郁闷也都大同小异，但认识的人多了，便能闻听一两件与众不同的感伤之事。

楼下的阿姨们提起一位刚刚搬走的阿姨。她们谈论的这位阿姨因为办事大方、为人热情，在附近很有名气。因此周围的人听见她们交谈，都表现出了几分关注。

据说，那位看起来总是乐呵呵的阿姨其实承受了很多生活的苦难。

她是被收养的孩子，但养父母待她很好，她从来没怀疑过自己不是亲生的。可八岁那年的一天，不知是谁将这个消息透露出去，传到了她的耳朵里。

有时候，小孩子不懂得自己的行为会为别人带来什么痛苦，他们将这件"新鲜事"当作玩笑的内容，说她是"没人要的孩子"。

她茫然无措，开始变得敏感多思，父母也都老实木讷，于是本来称得上和谐的家庭氛围变了，自己的身世成了横亘在她与父母之间的心结。

直到她长大后，见识多了，才发现自己为别人的话自艾自怨时，也伤了一直默默养育自己的父母的心。她本想要立刻回到家里去，将一切都说开，诉说自己对他们的感激，但又有些踌躇。最后,她决定干完本月的活,领了整月的工资,买上礼物回去探望二老。

结果她一回到家中,面对的便是突发瘫痪的父亲。这时,命运真正的残酷才显露真容。她在此后的数年中,接连遭遇亲人的离世、病重,并背上了债务。直到她也步入中年,才重新获得轻松——孑然一身的轻松。

往后的日子里,她认认真真地生活,不在任何细节上敷衍,在自己的能力范围内过好每一天。外人见了她,都觉得她是一个热爱生活且幸福无忧的人。

只是偶尔,她会对亲近的朋友诉说自己仅有的遗憾——没有在父母尚在时,让他们享受到更舒心的生活。"所以,每天都得好好的,不然以后说不定就会后悔。"那位阿姨对朋友们说,她也确实做到了自己所说的一切。

不幸的过去之于人生,就像是一本内容曲折的故事书,或艰难,或心酸,只是情节已无法被改变;但未来就像一片点点闪烁的星空,充满无限的想象和可能,或欢欣,或幸福。就如这位阿姨,在遭遇半生的不幸后,鼓足勇气仍可迎来新的人生。

人生最大的勇气,就是在知道生活的真相后,依然期待未来。而生命的意义,不是你曾拥有过的不幸人生,而是用勇气创造的无限未来。

"运气"的存在，并不是为了让人心存侥幸，被白日梦捆绑，而是当面对困境时，内心仍有期待，依然勇敢尝试，拥有渡过难关的勇气。或许不是每个人都会得到好运的青睐，但勇气是每个人都能拥有的，也是一个人最珍贵的品质。

每个人都有把握自己人生的权利，可能这个过程会出现痛苦，但勇敢面对这些问题后，所有的美好和希望就会不期而遇，到那时或许就可以体会"轻舟已过万重山"的心境，或许就可以明白勇气其实也没那么难。

我曾在网上看到一句话，"学会放下才能遇见美好，勇敢迈步才能拥抱幸福"。如果已经拥有不够幸运的过去，那就拥抱世界，用勇气面对未来，再与真正的美好相遇。

人生常有梅雨，但当下骄阳正好，鼓起勇气，做自己人生的魔法师吧！

先成为自己的山，
再去寻找心中的海

在成为任何角色之前，请先成为自己。
我得先是我，才能是任何。

01

小沈出生在一个普通的小镇，父母都是朴实的工人。从小，她并没有展现出什么过人的天赋，成绩平平，性格也有些内向。

在成长的过程中，小沈一直处于一种迷茫的状态，不知道自己未来的方向在哪里。高中毕业后，她考上了一所普通的大学，选择了一个不算热门的专业。大学的生活并没有给她带来太多的惊喜，她按部就班地学习、考试，过着平淡无奇的日子。

然而，在一次偶然的机会中，小沈接触到了服装设计。那是学校组织的一次服装走秀活动，这是她第一次仔细观察服装，她被那绚丽的色彩和独特的设计思路吸引。从那以后，她就开始自学服装设计知识，省吃俭用，买各种工具和各式各样的布料。

起初，她的设计还很普通，且绘画技术很生疏，无法画出生动的设计稿。她感到伤心，又觉人生灰暗——好不容易有了梦想，但自己却什么也做不到。可自暴自弃只是一时的，她性格里倔强的一面在此刻展现了出来，坚持抽时间去学习服装设计知识和绘画技巧，去研究优秀的服装设计作品，走进大自然找寻设计的灵感。

这样坚持了一段时间后，终于某一天，一位给了她很多指点的老师向她道喜："你开窍了。"

大学毕业后，小沈进入一家公司工作。工作之余，她依然坚持设计服装，利用假期去各地旅行，观察当地人的穿衣风格和服装特色，为自己的创作收集素材。她将旅行中看到的雄伟的雪山、绮丽的建筑、不起眼的花草等融入作品，为她的作品增添了不一样的风采。

随着时间的推移，小沈服装设计水平越来越高，但她并没有满足于此，而是辞去了工作，全身心地投入服装设计中。她经历过没有收入的日子，也遭遇过别人的质疑和嘲笑，但她坚信自己能够在服装设计这条道路上闯出属于自己的一片天地。

在设计服装的过程中，小沈也没有忘记自己的家乡。她一直都记得在她家乡深处的小村庄里有着一群生活困难的孩子。于是，当小沈设计的服装受到认可后，她为那群孩子设计了衣服，并为他们准备了许多生活必需品。

"曾经,我也有想过帮助他们,但那时候的我只能够在大城市中勉强生活。而现在,我终于有能力为他们贡献一份力量。"

"满怀善意,身无长物,我的善心如此无能为力!"一位网友无奈感叹。

有些时候,我们或许和曾经的小沈一样,看到需要帮助的人总会不自觉地停下脚步,总是希望自己能够帮助到他们什么,但是仔细回想,发现自己能为他们做的微乎其微。

只有不断努力,成为自己的山,才能够帮助到更多的人。累微尘、积块石,小沈最终成长起来,有能力成为别人眼中足以依靠的高山。在这个过程中,她又寻找到了更为光辉璀璨的梦想,将心灵寄托给广阔无垠的海洋。

02

在生命的长河中,每个人都可能遭遇阴霾,言钰就曾经深陷心灵深处的泥沼,几近窒息。

曾经的言钰,生活在一片无尽的黑暗之中。每天醒来,都感觉像是被一块沉重的石头压着,无法喘息。她对任何事情都提不起兴趣,世界在她眼中失去了色彩,只剩下单调的灰。每一个微笑、每一句问候,在言钰听来都如同遥远的回声,无法触及她的内心。

她试图挣扎,试图摆脱这无尽的痛苦,但每一次的努力都像是掉入更深的深渊。言钰开始怀疑自己存在的价值,觉得自己是这个世界的累赘。夜晚，言钰躺在床上，泪水浸湿了枕头，却无法向任何人倾诉内心的痛苦。

在那段黑暗的日子里，言钰无数次想要放弃，觉得生命已经失去了意义。但也许是内心深处那一丝对光明的渴望，让她在绝望的边缘没有选择彻底沉沦。

一次在书店，她读到了一本书，书中的一句话深深地触动了她："当你凝视深渊时，深渊也在凝视你，但当你转身面向阳光，阴影就会落在身后。"那一刻，一些更温柔的记忆、更明媚的思绪在她的心灵深处苏醒。

从那以后，言钰开始了抗争。她不再把自己封闭在黑暗的角落里，而是努力地走出去，接触大自然，感受阳光的温暖、微风的轻抚。改变的过程是痛苦的，但文字的力量一点点地滋养言钰干涸的心灵。

通过不懈的努力，言钰逐渐从心理疾病的阴影中走了出来，重新感受到了生活的美好，感受到了爱与被爱的力量。

但她没有满足，起身继续前进。最后，她通过学习，成了一名心理咨询师，因为她也想去帮助那些和她曾经一样深陷痛苦的人。

在言钰的咨询室里，每一位患者都有着一个曲折而独特的故事。因为工作压力而濒临崩溃的白领，因为家庭问题而感到绝望的主妇，因为学业负担而失去信心的学生……言钰聆听着他们的哭诉，感受着他们的痛苦，然后在自己的理解和关怀中为他们注入与生活抗争的勇气。

言钰会和他们分享自己的经历，告诉他们"你其实很棒"，引导他们感知生活中值得眷恋的点滴。渐渐地，越来越多的人与自己和解，找回自信，开启了新的生活。

看着一个个患者走出阴霾，重新找回笑容和自信，言钰感到无比的欣慰和满足。她知道，她所做的一切都是有意义的。

"你可以凌云高飞，也可以拘于方寸，祝你的自由只效忠你自己。"这是言钰送给每一位患者的话，也是她送给自己的特别礼物。

彷徨时时存在，我们可以做自己的灯塔，先亮起一束光，再冲开一片黑暗。

很多时候预想的生活和现实的道路并不相符，当我们想要走向下一个站点，却发现面前的路就在本站中断。放弃是如此地轻易，未来是如此地遥不可及，可心里会有一个声音告诉我们："就这样了？我不愿意。"

人的一生说长不长，说短不短，但足够我们先坚定不移，再付诸努力。

03

在一个普通的小镇上，生活着一位名叫小悦的普通人。小悦从小就对大自然充满了好奇和热爱，青山绿水、蓝天白云是她心中最美的画卷。

小孩子们叽叽喳喳谈论"我要成为某某家"的时候,有人问小悦:"你这样喜欢看山啊、树啊的,以后要做画家吗?"

小悦倒也挺喜欢画画,可设想一下成为画家的未来,好像也没有十分心动和向往。她困惑地说:"我只是喜欢它们,我希望它们一直这么美。"后来,她渐渐明白了,"大自然是善良的慈母,同时也是冷酷的屠夫",她想要保护自然,也保护自己。

可那时小镇上的人们还不知道"环保家"这种工作,也想象不出小悦要如何以此养活自己。小悦也为此感到为难,因为只靠自己捡捡垃圾、喊喊口号,不过杯水车薪,可就算她愿意把以后的收入都用在保护环境上,她又能赚到多少钱,又如何养家呢?

后来,小悦发现大学有个"环境科学"的专业。她想,有这个学习的专业,一定就有对应的工作行业吧。带着"更大的环保梦",她开始苦学。进入更广阔的平台后,小悦那缥缈的"环保梦"有了更具体的样子,她终于知道自己可以从哪方面着手了。

整个求学阶段,她勤奋刻苦,不断充实自己的知识储备,参与各种科研项目,积累实践经验。毕业后,小悦进入了一家环保企业。她凭借扎实的专业知识和出色的工作能力,很快在公司崭露头角。她亲眼见证一个个环保项目落地开花,也用自己的双手推动了这一切的发展。

随着事业的蒸蒸日上,小悦的经济状况逐渐改善,她的生活也变得稳定而富足。于是她开始拿出一部分资源来支持环保公益,

第一站便回到家乡，与当地的志愿组织一起清理河道。在她的带动下，越来越多的人参与到环保行动中。

现如今，小悦已然在追寻梦想的道路上高歌猛进，小时候那个绿色的梦也早已不再是悬浮、空洞的梦想了。

正如奥普拉·温弗瑞所说："你首先要成为自己的光，才能照亮前行的路。"

小悦在实现环保梦想的旅途中，通过不懈的努力让自己成为一座坚实的山峰。在一步步的成长中，她精心垒砌山峰，让自己拥有足够的坚韧和高度。当她成为自己的山，有了足够的能力和资源后，便义无反顾地去追寻心中那片广阔的海。

在生活中，我们常常渴望去追求心中的美好，却往往忽略了先让自己变得强大起来。于是梦想如高悬天空的明月，我们却痛苦于自己没有飞往月亮的翅膀。

人只有先努力成为自己的依靠，积累足够的能力和资本，才能有底气去拥抱心中的梦想。就像登山一样，只有先攀登到一定的高度，才有更广阔的视野去发现远方更好的风景。

我们终将上岸，
阳光万里

请相信，每一步前行都是向着光明迈进。
终有一天，我们会站在阳光下，
笑看曾经的风雨兼程。

01

在上学的时候，很多人告诉小乐，执业医师资格证并不难考。可当小乐真的开始考这个证，失败的打击却令她压力倍增。

医学生的时间总是如此紧张，医生更不必提。在执医考试失败后，小乐看着手机里"规培一年一定要考下执医"等相关推送信息，心中愈发焦虑。

这时，她的带教老师安慰她："我知道的人，有个考了13次还没有考过，全科室都跟着犯愁。当然，每个人的情况都不一样，人家可以转后勤，别处不一定也是这个制度。你要规培、考证都非常顺利，自然很好。可一时考不过虽然不可避免影响你的后续规划，但也不至于天就塌了。塞翁失马，焉知非福，谁知道什么时候有什么机遇呢？"

小乐向来听劝，调整了心态，发了一条朋友圈：重整旗鼓，再度出发！

也许确实时运不济，第二次考试仍以失利告终。已经经历过一次失败的她看着成功的同期们，反倒显得十分平和。

"心态不稳，怎么当医生？"小乐想着，在室友出门庆祝的脚步声中埋头看书。

"总有一天，会成功的。"当失败造成的落差感在心里冒头时，小乐就默念这句话，并有节奏地呼吸，如同冥想。

知识从来都没有白学的，阅历的积攒也不仅是代表年龄的增长。小乐终于有了正式做一名医生的资格，也调整好了直面医者生涯的心态。接下来，她将面临成功留院或前往其他医院开辟另一处战场的挑战。

当然，医生的职业生涯里她还将面临无数次的考试，对于未来会发生什么，小乐自己也不太清楚。可她十分清楚一点，那就是每一次挑战都不可回避。

每一次挑战都是一次成长的契机，每一次失败都是迈向成功的步伐。保持信念，勇往直前，终将抵达那片充满阳光的彼岸。

其实，小乐在第一次失败后便仔细思考过，从来没有必须

233

"毕业后一年内通过执医考试""先考试后规培""先规培后考试""规培第一年里通过考试"的要求，自己也大可不必为自己设限，硬要分毫不差地按照别人走过的路行进。

人生的路有千万条，为何要按照别人指点的路死磕到底，最后撞得头破血流万念俱灰？每一场风雨都是人生洗礼，每一次变道都是奋力前进。我们终将屹立于阳光之下，用不同的方式迎接那片无垠的晴空。

山山而川，前路漫漫，一时的挫折与失败也不过尔尔，不必挂怀。不需要盲从世俗的脚步，一花一世界，一叶一菩提，我们有自己的"海岸"。多尝试，多选择，勇敢地向前，也许我们另有属于自己的天地。

02

"看，今天是俄罗斯的胜利日，外面现在非常热闹。"

朋友叶芷给我发来这条消息并附上一个视频，她现在已身处俄罗斯，圆了自己多年来的出国梦。

不知何时起，叶芷非常向往去俄罗斯留学的生活。因此，她高考后特意选了一些中外联合办学的大学，但是由于学费高昂就没有如愿，只得上了一所普通本科院校，就读经济管理系。

毕业之后，叶芷为了能离梦想更进一步，她应聘了一家对俄外贸公司，入职报单员，负责快速及时地为业务员提供产品信息、价格和库存量。

她努力工作，每天沉浸在俄语环境里，空闲的时候就拿出俄语书学习知识，通过每天听同事用俄语打电话来锻炼俄语听力，私下里还保持每天早晚读俄语文章的习惯，以此来矫正发音，增强语感。

逆境是暂时的，坚持是永恒的。

经过一年的努力，叶芷终于得到了她的俄语证书，并成功调岗为俄语业务员，她一边努力工作攒钱一边继续利用工作便利磨炼俄语听说能力。每当看到业务能力优秀的同事会去俄罗斯出差，她在羡慕的同时，也以此激励自己。

现在，她身处莫斯科，恰好遇上当地的胜利日。看着街上浩浩荡荡游行的军队，亲身体验曾经通过书中描写想象出来的节日氛围，她的心愿终于实现。

她说，当她走进克里姆林宫，欣赏这座历史悠久的古老宫殿，站在大气恢宏的宫殿内部回望过去的时候，发现曾经每一个看似黯淡无光的日子都在熠熠生辉。

在俄罗斯一行后，叶芷只觉儿时的憧憬、少年的渴盼已经尽数满足。她曾设想，如果始终不能如愿，也许这种因对陌生国度、陌生文化的好奇而产生的愿望，会成为困扰她的一种执念。但现在，她凭借自己的力量走进了曾经的梦境里，满足之余又心生释然。

"我可以想想下一个目标是什么了。"她一身轻松地说。

梦想在远方闪烁，脚步在泥泞中坚定。

种一棵高耸挺直的树并不容易，可如果我们想要一棵树，就必须播种、浇灌，日复一日地照料使它成长。孕育一个梦想也同样如此，我们将心中的种子种下，以心血来浇灌，以努力为养分，经过时间的洗礼，才能等待树苗长成参天大树。

而那时，我们站在理想之树上，穿越漫长黑夜远眺黎明，可见天光破晓，朝阳万丈。

03

"我觉得自己快要溺死了。"

妍琦因为不善于拒绝同事的请求，导致自己工作压力过大，患上了社交恐惧症，这是她发病时的感受。

自从确诊病情以后，妍琦就辞去了工作，留在家里的烧烤店帮工，有时还负责外送。骑着小电驴，乘着仲夏夜的轻柔微风，游走在各家各户之间。只管把手中的烧烤交到客户手中，三言两语之间完成派送任务，妍琦感到前所未有的轻松。

这样的日子过了半年，妍琦的病情逐渐稳定，去医院拿药的频次也逐渐降低。正当她的父母高兴地以为她能重返工作岗位的时候，妍琦再一次发病了。

事情的原因是她遇见了前公司打压她最严重的领导。那天他们部门团建，去了妍琦家的烧烤店，当她将烧烤端上餐桌的时候，被前领导认出。他当着全部门的人询问妍琦辞职后的近况,问她来烧烤店工作的原因,还看似好心地劝告她人往高处走,就算之前在公司干不下去也不能来当服务员呀。

耳朵里嗡嗡作响,人声忽远忽近,好像有突然从四面八方涌来的水将妍琦整个淹没。她浑身颤抖,根本拿不出口袋里的药,张开嘴想要呼救,却发现声带变成了滞涩的橡胶皮,无论怎样都不能发出一点声音,最后在恍惚中失去了意识。

清醒之后,妍琦睁眼就看到眼角泛红守在床边的母亲,内疚之情涌上心头。

"妈,你吃饭了吗?"

"你爸下楼去买饭了,一会咱仨喝点粥。"

妍琦点点头,有些愧疚地开口:"妈妈,我是不是很没用呀?"

妍琦母亲没有回答这个问题,转而问她:"你知道你名字的含义是什么吗?"

妍琦茫然摇头。

"是美丽快乐的女孩。妈妈在生你的时候只想要你健康快乐就好,所以只要你每天都能乐呵呵的,就是我眼中最完美的孩子。"

人生只有一次,而我们却常常因为他人而为难自己。在珍视我们的人眼中,我们不应为了满足他人的要求而使自己陷入深渊。

出院回家后的日子恢复了平静,她依旧骑着那辆小电驴出门送外卖,日子过得无波无澜,但每当她看到路上行人上班的背影,内心难免触动。

虽然病情发作时被无形的水淹没的感觉很不好,但是她不想一辈子都龟缩在父母的羽翼下,她要上岸,她想"破水而出",重新站在阳光下。

现在她已经阶段性克服了恐慌症的发作,目前在一家氛围相对和谐的公司任职。妍琦说克服病症的那段时间,她像是包裹在蛹中拼命撕开缺口,寻求光明的蝶。她自己也不知道究竟怎样迈过那道坎,但不管怎么说,抗争的勇气总归是帮了她。

每一次努力挣脱束缚的瞬间,都像是心灵深处的一场微小革命,让妍琦更加坚韧不拔。她逐渐敢于拒绝同事的不合理委托,面对某些客户、领导的奇葩要求不再畏畏缩缩,条理清晰地申诉自己的诉求,维护自身利益。她以全新的姿态迎接每一个挑战,那份曾经让她畏惧不安的未知,如今成了她成长的沃土。

当最后一缕阴霾被驱散,当最艰难的时刻成为过往,迎接我们的将是那绚烂无比的日出。

那一刻,金色的阳光穿透云层,洒满大地,将整个世界照耀得熠熠生辉。它不仅照亮了前方的道路,更温暖了每一个清晨,让人的心灵得到了前所未有的抚慰与安宁。

这时,我们早已整装待发,踏歌而行。

图书在版编目（CIP）数据

若你决定灿烂，山无遮，海无拦 / 大麦著. -- 北京：新世界出版社, 2025. 1. -- ISBN 978-7-5104-8006-5

Ⅰ. B848.4-49

中国国家版本馆 CIP 数据核字第 202468X22U 号

若你决定灿烂，山无遮，海无拦

作　　者：大　麦
责任编辑：楼淑敏
责任校对：宣　慧　张杰楠
责任印制：王宝根
出　　版：新世界出版社
网　　址：http://www.nwp.com.cn
社　　址：北京西城区百万庄大街 24 号（100037）
发 行 部：(010)6899 5968（电话）　(010)6899 0635（电话）
总 编 室：(010)6899 5424（电话）　(010)6832 6679（传真）
版 权 部：+8610 6899 6306（电话）nwpcd@sina.com（电邮）
印　　刷：天津旭丰源印刷有限公司
经　　销：新华书店
开　　本：880mm×1230mm　1/32　尺寸：145mm×210mm
字　　数：170 千字　　　　　　　印张：8
版　　次：2025 年 1 月第 1 版　　2025 年 1 月第 1 次印刷
书　　号：ISBN 978-7-5104-8006-5
定　　价：49.00 元

版权所有，侵权必究
凡购本社图书，如有缺页、倒页、脱页等印装错误，可随时退换。
客服电话：(010)6899 8638